解　读　地　球　密　码

丛书主编　孔庆友

建筑饰品

石　材

Stone Material

Building Decoration

本书主编　郭宝奎

山东科学技术出版社

·济南·

图书在版编目（CIP）数据

建筑饰品——石材 / 郭宝奎主编．-- 济南：山东科学技术出版社，2016.6（2023.4 重印）
（解读地球密码）
ISBN 978-7-5331-8375-2

Ⅰ.①建… Ⅱ.①郭… Ⅲ.①岩石－装饰材料－普及读物 Ⅳ.①TU56-49

中国版本图书馆 CIP 数据核字（2016）第 141678 号

丛书主编　孔庆友
本书主编　郭宝奎
参与人员　周克继　李光明　张玉波

建筑饰品——石材

JIANZHU SHIPIN——SHICAI

责任编辑：梁天宏
装帧设计：孙非羽

主管单位：山东出版传媒股份有限公司
出 版 者：山东科学技术出版社
地址：济南市市中区舜耕路 517 号
邮编：250003　电话：（0531）82098088
网址：www.lkj.com.cn
电子邮件：sdkj@sdcbcm.com
发 行 者：山东科学技术出版社
地址：济南市市中区舜耕路 517 号
邮编：250003　电话：（0531）82098067
印 刷 者：三河市嵩川印刷有限公司
地址：三河市杨庄镇肖庄子
邮编：065200　电话：（0316）3650395

规　格：16 开（185 mm × 240 mm）
印　张：10.25　**字数：**185 千
版　次：2016 年 6 月第 1 版　**印次：**2023 年 4 月第 4 次印刷
定　价：40.00 元
审图号：GS（2017）1091 号

普及地質科学知識
提高民族科学素質

李廷棟
2016年元月

传播地学知识，弘扬科学精神，践行绿色发展观，为建设美好地球村而努力。

翟裕生

2015年10月

贺　词

自然资源、自然环境、自然灾害，这些人类面临的重大课题都与地学密切相关，山东同仁编著的《解读地球密码》科普丛书以地学原理和地质事实科学、真实、通俗地回答了公众关心的问题。相信其出版对于普及地学知识，提高全民科学素质，具有重大意义，并将促进我国地学科普事业的发展。

国土资源部总工程师

编辑出版《解读地球密码》科普丛书，举行业之力，集众家之言，解地球之理，展齐鲁之貌，结地学之果，蔚为大观，实为壮举，必将广布社会，流传长远。人类只有一个地球，只有认识地球、热爱地球，才能保护地球、珍惜地球，使人地合一、时空长存、宇宙永昌、乾坤安宁。

山东省国土资源厅副厅长

编著者寄语

★ 地学是关于地球科学的学问。它是数、理、化、天、地、生、农、工、医九大学科之一，既是一门基础科学，也是一门应用科学。

★ 地球是我们的生存之地、衣食之源。地学与人类的生产生活和经济社会可持续发展紧密相连。

★ 以地学理论说清道理，以地质现象揭秘释惑，以地学领域广采博引，是本丛书最大的特色。

★ 普及地球科学知识，提高全民科学素质，突出科学性、知识性和趣味性，是编著者的应尽责任和共同愿望。

★ 本丛书参考了大量资料和网络信息，得到了诸作者、有关网站和单位的热情帮助和鼎力支持，在此一并表示由衷谢意！

科学指导

李廷栋 中国科学院院士、著名地质学家

翟裕生 中国科学院院士、著名矿床学家

编著委员会

主　　任 刘俭朴　李　琥

副 主 任 张庆坤　王桂鹏　徐军祥　刘祥元　武旭仁　屈绍东
刘兴旺　杜长征　侯成桥　臧桂茂　刘圣刚　孟祥军

主　　编 孔庆友

副 主 编 张天祯　方宝明　于学峰　张鲁府　常允新　刘书才

编　　委 （以姓氏笔画为序）

卫　伟　王　经　王世进　王光信　王来明　王怀洪
王学尧　王德敬　方　明　方庆海　左晓敏　石业迎
冯克印　邢　锋　邢俊昊　曲延波　吕大炜　吕晓亮
朱友强　刘小琼　刘凤臣　刘洪亮　刘海泉　刘继太
刘瑞华　孙　斌　杜圣贤　李　壮　李大鹏　李玉章
李金镇　李香臣　李勇普　杨丽芝　吴国栋　宋志勇
宋明春　宋香锁　宋晓媚　张　峰　张　震　张永伟
张作金　张春池　张增奇　陈　军　陈　诚　陈国栋
范士彦　郑福华　赵　琳　赵书泉　郝兴中　郝言平
胡　戈　胡智勇　侯明兰　姜文娟　祝德成　姚春梅
贺　敬　徐　品　高树学　高善坤　郭加朋　郭宝奎
梁吉坡　董　强　韩代成　颜景生　潘拥军　戴广凯

书稿统筹 宋晓媚　左晓敏

目录

CONTENTS

Part 1 走进石材王国

石材评价首先要求石材应有很好的装饰性，有光洁绚丽的色泽和花纹；第二要求成材性高，荒料率、成材率高；第三要求加工性能好，具有好的可锯性、磨光性和抛光性；第四要求使用性能好，坚固耐久，不易变色。

花岗石和大理石主要应用于大型公共建筑和装饰等级要求较高的室内外装饰工程，并可作为墓碑材料、广场建筑材料以及其他石制品的材料。板石一般用于建筑物墙面、墙裙、地坪、地面铺贴以及台、柱、庭院栏杆（板）、台阶等。

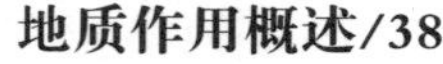

Part 2 石材成因揭秘

地球表面现今千姿百态，是地球不断运动、变化、发展的必然结果，导致地壳物质成分、地壳构造和地表形态等发生变化的作用，称为地质作用。石材的形成主要与沉积作用、岩浆作用和变质作用等地质作用有关。

沉积作用形成的岩石类型主要为各类沉积岩，是大理石和板石石材的来源；岩浆作用形成的岩石类型为侵入岩和火山岩，是花岗石石材的来源；变质作用形成的与石材类型有关的岩石主要为大理岩、板岩、千枚岩、变粒岩、碎裂岩以及各类混合岩、片岩和片麻岩等。

Part 3 世界石材概览

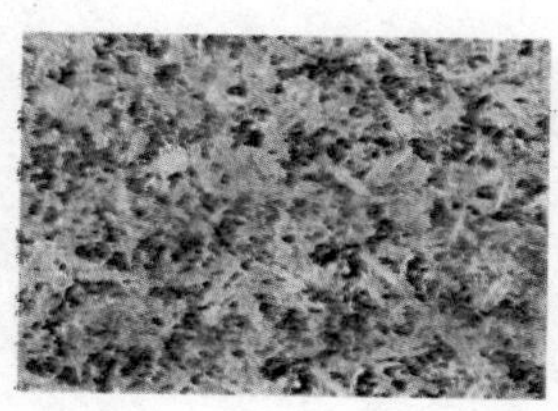

Part 4 中国石材大观

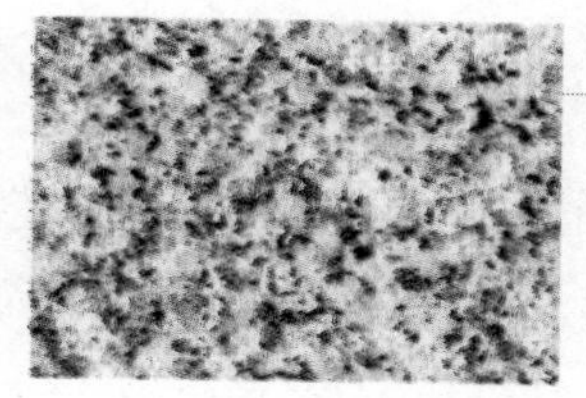

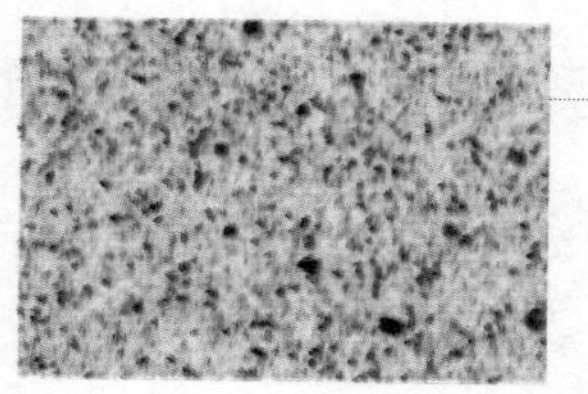

中国传统名贵石材品种/101

中国传统名贵石材是指在我国开发历史久、使用范围广、日常生产生活中较易见到的石材品种。一般花岗石品种有中国红、岑溪红、崂山灰等；大理石品种有汉白玉、艾叶青、杭灰、红奶油、松香黄等。

Part 5 山东石材掠影

山东石材概况/114

山东石材资源具有品种多、储量大、品质优、分布广等特点，储量和品种在全国位列前茅。全省石材品种160余种，其中花岗石125种，大理石37种。已查明花岗石总储量超过280亿m^3，大理石总储量30多亿m^3。

山东著名石材品种/119

山东石材品种丰富，各类石材资源均有分布，但以花岗石品种为主，主要有石岛红、将军红、樱花红、五莲花、崂山灰、鲁灰、锈石、济南青等；大理石品种有莱阳绿、莱阳黑、莱州雪花白、平度云灰；板石主要为砂岩类。

Part 6 石材建筑览胜

国外著名石材建筑/129

在人类从蛮荒走向文明的漫漫长路中，各类建筑中都留下了石材的烙印。尤其是随着经济社会的发展，人类建筑水平的提高，石材在建筑中的应用日益广泛，许多珍贵的建筑艺术精品被遗留下来供人们鉴赏。

地学知识窗

Part 1 走进石材王国

石材，或者说石头，自古以来就是人类最常用的建筑材料之一。现在遗存下来的古代建筑，最多的都是石材建筑，或者多多少少都有石材的运用，这其中有一大部分要感谢石材本身的坚固、耐风雨吧。当木材建筑在自然的摧残和战火的无情中凋零时，石材建筑坚强地挺立了过来。比如埃及的金字塔，希腊的雅典卫城，意大利罗马的斗兽场，法国的巴黎圣母院，印度的泰姬陵，当然还有中国的万里长城等等。

石材的概念

从人们日常使用石材的来源看，石材可分为天然石材和人造石材。

天然石材是指自然界中具有一定装饰性能，物理、化学性能稳定，结构致密，质地坚硬和能加工成一定尺寸的岩石，经开采、不同物理方法加工而成的石质材料，包括条石、块石、板料和磨光的饰面板材，但不包括用于骨料或人造石料的碎石或石粉。

自然界中的各类岩石，只要在物理性能上符合工业指标要求，即一般须具备一定的地质和物理的特性，易于开采，有一定的强度、颜色、花纹、硬度和光泽度，可进行加工，并能经久耐磨，具备运输方便等条件，均可称为石材。其最突出的特点是具有自然的美丽花纹和色泽，常加工成板材做建筑物的室内外饰面材料，或具有独具特色的图案、形态各异的造型，如拼花和雕刻。

天然石材一般可分为大理石石材、花岗石石材和板石石材，它们都是石材的商品名称，与地质学中的“大理岩”“花岗岩”“板岩”概念完全不同。

花岗石是指可以加工成装饰石材的、硬度6～7的各类岩浆岩和以硅酸盐为主的各类变质岩，常见的有辉石岩、角闪石岩、辉绿岩、蛇纹岩、流纹岩、玄武岩、安山岩、辉长岩、斜长岩、闪长岩、正长岩、花岗岩、白岗岩、霞石正长岩、

——地学知识窗——

花岗岩

花岗岩是一种分布很广的深成酸性火成岩，SiO_2含量多在70%以上，颜色较浅，以灰白色、肉红色为主。主要由长石和石英及少量深色矿物组成。石英含量在20%以上，碱性长石常多于斜长石。通常呈岩基、岩株、岩钟等产出。

霓霞岩、混合岩化片麻岩、混合花岗岩、变质硅质砾岩等各类岩石，符合工业指标要求者，均有可能形成花岗石石材。

大理石是指可以加工成装饰石材的、硬度3～5的各类碳酸盐岩或镁质硅酸盐岩以及它们的变质岩，常见的如石灰岩、泥灰岩、白云岩、大理岩、白云石大理岩、蛇纹石大理岩、镁橄榄石矽卡岩等各类岩石，符合工业指标要求者，均有可能形成大理石石材。

板石是指沿板理面或片理面可剥成片状或板状且具有装饰作用的沉积岩或轻微变质的各类浅变质岩，常见岩石有页岩、粉砂岩、薄层状石英砂岩、薄层灰岩、片岩、板岩、千枚岩、变粒岩等各类岩石，符合工业指标要求者，均有可能形成板石石材。

人造石材是以不饱和聚酯树脂为黏结剂，配以天然大理石或方解石、白云石、硅砂、玻璃粉等无机物粉料，以及适量的阻燃剂、颜色等，经配料混合、瓷铸、振动压缩、挤压等方法成型固化而成。按其制作方式的不同可分为两种：一种是将原料磨成石粉后，加入化学药剂、胶着剂等，以高压制成板材，它可通过添加人工色素形成外观色泽及仿原石纹路，提高多变及选择性；另一种则称为人造岗石，是将原石打碎后，加入胶质与其真空

——地学知识窗——

大 理 岩

大理岩是一种碳酸盐矿物含量大于50%的变质岩石，它是由石灰岩、白云岩等碳酸盐岩经区域变质作用或热接触变质作用形成。一般具有粒状变晶结构和块状构造，有时可具有条带状构造。我国云南省大理县是最著名的大理岩产地，大理岩即由此而得名。

——地学知识窗——

板 岩

板岩是具有板状构造特征的浅变质岩石。由黏土岩、粉砂岩或中酸性凝灰岩经轻微变质作用形成。原岩矿物成分基本上没有重结晶或部分重结晶，具有变余结构和构造，外表致密，矿物颗粒很细，肉眼难以鉴别。有时在板劈理面上有少量绢云母、绿泥石等新生矿物，并使板劈理面略显丝绢光泽。

搅拌，并采用高压振动方式使之成型，制成一块块的岩块，再切割成为建材石板。它除了保留天然纹理外，还可以加入喜爱的色彩，或嵌入玻璃、亚克力等，增加色泽的多样性。

随着现代建筑业的发展，对装饰材料提出了轻质、高强、美观、多品种的要求。人造饰面石材就是在这种形势下出现的。它重量轻、强度高、耐腐蚀、耐污染、施工方便、花纹图案可人为控制，是现代建筑理想的装饰材料，适用于室内外墙面、地面、柱面、台面等。虽然其硬度不像天然石材一样坚硬，并且有着明显质感差别，但因价格大大低于天然石材，其应用日益普遍，尤其含90%的天然原石的合成岗石，克服了天然石材易断裂、纹理不易控制的缺点，保留了天然石材的原味，在全球市场上占有一席之地，甚至有替代大理石、花岗石的趋势。

石材的分类及命名

一、天然石材的分类及命名

天然石材品种多样，分类方式也有多种，不仅有以石材的矿物成分分类的，也有以岩石类型、成因分类的，还有以石材的工艺商业、物理性能及用途等分类的。当然，石材的分类不是单级的，而可以是多级的，综合来说，有以下几种比较主流的分类方法：

（一）按用途分类

根据使用行业、范围、制品等划分为建筑石材、文化石材和石材用品3类，然后再进行细分（表1-1）。

该分类基本包括了目前石材的各种使用范围，涵盖了工业、农业、建筑及装饰业等与人类生产、生活息息相关的方方面面。其中，使用范围及使用量最大的是建筑石材，其次为文化石材和石材用品。鉴于文化石材主要为观赏石及宝石类，本文主要介绍建筑石材及石材用品中与建筑相关的雕刻用石、陵墓用石等。

表1-1　天然石材类型划分表——按用途

天然石材用途及制品				具体用途
建筑石材	饰面石材	花岗石	板材、异型制品	建筑墙面、地面的湿贴、干挂；各种异型制品及异型饰面的装饰
		大理石		
		砂岩		
		板石	裂分平面板、凸面板	墙面、地面的湿贴、盖瓦、蘑菇石
	毛石	花岗石	片石、毛石、板材、蘑菇石等	文化墙、背景墙、铺路石、假山、瓦板
		大理石		
		砂岩		
		板石	片状板石、异型石	
		砾石	鹅卵石、风化石、冲击石	
	料石		碎石、角石、石米	人造石材、混凝土原料
			块石、毛石、整形石	千基石、基础石、铺路石
			河海石、砺石、碎石	建筑混凝土用石
园林市政	奇石	抽象石	灵璧石、红河石、风凌石	案几、园林摆设、观赏
			太湖石、海蚀石、风蚀石	园林、公园、街景构景
		无象石	黄山石、泰山石、上水石	
		象形石	大型象形山石	风景、园林构景
			鱼、鸟、花、草、木等化石	案几、工艺品摆设
			雨花石、钟乳石	
		图案石	有近似图案平面板石	家具、背景墙、屏风
	造景		风化石、叠层石	假山
	广场道路		石砖、拼花、条石、卵石	步道、甬道、活动场地
陵园雕刻	陵墓用石		花岗石、大理石	碑石、雕刻石、环境石
	雕刻用石		花岗石、大理石、砂岩	石雕石刻品
家居文化	家具、日用品		大理石、碳酸盐岩、石膏岩、彩石	桌椅面芯、石锅碗、茶具、灯具、室内装饰
	文化用品		粉砂岩、大理岩、蛇纹石化大理岩	砚台、笔筒、笔洗、镇尺
工业用石	工艺美术用石		滑石、叶蜡石、碳酸盐岩、蛇纹石、汉白玉等	工艺品雕刻、首饰
	精密加工用石		辉绿岩、辉长岩	精密机床、精密仪器台面
	化学工业用石		辉绿岩、玄武岩	酸碱、废水、废油、电镀、电解池槽
	交通运输		辉绿岩、辉长岩、玄武岩、花岗岩、石灰岩	混凝土桥梁骨料、沥青混凝土骨料、铁路道砟
综合利用	工业原料用石		辉长岩、花岗岩、大理石、白云石、石灰石	铸石、玻璃、铸造、水泥原料、混凝土
	农业用石		大部分硬质石类	水利用石、平衡土壤酸碱
	轻工业用石		原料：石灰石大理石产品：重钙石、轻钙石、超细级碳酸钙粉	造纸、油漆、涂料填料、制药、人造石

1. 建筑石材

建筑石材分为毛石、料石和饰面石材3类。

（1）毛石

毛石是不成形的石料，处于开采以后的自然状态。它是岩石经爆破后所得的形状不规则的石块。形状不规则的称为乱毛石（图1–1），有两个大致平行面的称为平毛石（图1–2）。

乱毛石：乱毛石形状不规则，一般要求石块中部厚度不小于150 mm，长度为300～400 mm，质量为20～30 kg，其强度不宜小于10 MPa，软化系数不应小于0.75。

平毛石：平毛石由乱毛石略经加工而成，形状较乱毛石整齐，其形状基本上有6个面，但表面粗糙。要求中部厚度不小于200 mm。

（2）料石

料石也称条石，是由人工或机械开采出的较规则的六面体石块（图1–3），用来砌筑建筑物用的石料。按其加工后的外形规则程度可分为毛料石、粗料石、半细料石和细料石。按形状可分为条石、方石及拱石。

（3）饰面石材

按材质不同，分为天然花岗石石材、天然大理石石材和天然板石石材。

图1–1　乱毛石

图1–2　平毛石

图1–3　料石

①天然花岗石板材

天然花岗石板材（图1-4）按形状可分为普型板（PX）、圆弧板（HM）和异型板（YX）；按其表面加工程度可分为细板面（YG）、镜面板（JM）和粗面板（CM）。

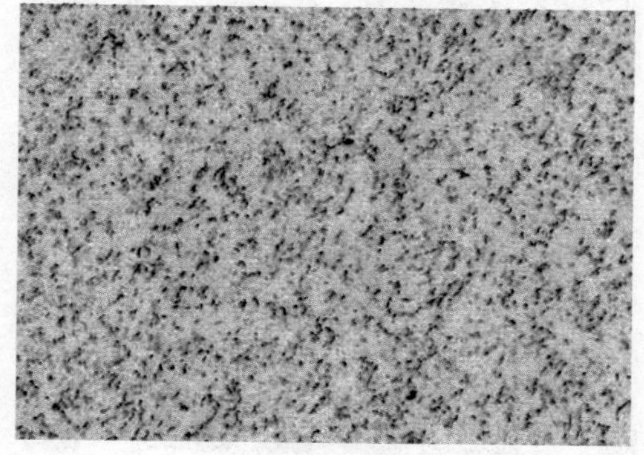

图1-4　天然花岗石板材

按形状分类：

普型板（PX）：一般认为是矩形板，其中使用最多的是10～30 mm厚的板材。

圆弧板（HM）：是指装饰面轮廓线的曲率半径处处相同的饰面板材。

异型板（YX）：普型板和圆弧板以外其他所有形状的板材。

按表面加工程度分类：

亚光板（YG）：石材饰面平整、细腻，能使光线产生漫反射现象的板材。

镜面板（JM）：经研磨和抛光加工后表面平整而具镜面光泽的花岗石板材，能用光泽度计测量出光泽单位（GU）的石材。

粗面板（CM）：指石材饰面粗糙但基本平整，具有规则有序的加工花纹，端面锯切或锤击得整齐的板材。

②天然大理石板材

天然大理石板材（图1-5）按形状分为普型板（PX）和圆弧板（HM）。国际和国内板材的通用厚度为20 mm，亦称为厚板。随着石材加工工艺的不断改进，厚度较小的板材也开始应用于装饰工程，常见的有10 mm、8 mm、7 mm、5 mm等，亦称为薄板。

图1-5　天然大理石板材

③天然板石

常用板石的色泽为豆青色、深豆青，以及青色含白色结晶颗粒、黑色、红色、黄色等多种，岩石成分多样。可根据石材特性和加工工艺的不同，将天然板石分为粗毛面板、细毛面板和剁斧板等，也可根据建筑意图加工成光面（磨光）板（图1-6）。

2. 雕刻石材

雕刻，是雕、刻、塑3种创制方法的总称。指用各种可塑材料（如石膏、树脂、黏土等）或可雕、可刻的硬质材料（如木材、石头、金属、玉块、玛瑙等），创造出具有一定空间的可视、可触的艺术形象，借以反映社会生活、表达艺术家的审美感受、审美情感、审美理想的艺术。雕刻用石一般指大理岩和花岗岩，以及少量的砚石、玉石等，一般要求岩石具有一定的块度、硬度，具有韧性好、脆性小等特征。

图1-6　天然板石厚板

图1-7　石坊

图1-8　石华表

天然石材是坚实、耐风化的，因而在建筑中，除了石塔、石桥、石坊（图1-7）、石亭、石墓外，天然石材更广泛地应用于建筑构件和装饰上。其数量庞大，种类繁多，是天然石材制品中种类最多的一种，也是异型石材制品中的一个大类。

传统石雕大体可分为3类：

（1）作为建筑构件的门框、栏板、抱鼓石、台阶、柱础、梁枋、井圈等。

（2）作为建筑物附属体的石碑、石狮、石华表（图1-8）以及石像生等。

（3）作为建筑物的陈设，如石香炉、石五供等。

近年来，随着人们物质生活水平的不断提高和审美观点的不断改进，石雕制品的应用范围也不断扩大。根据近几年的发展，结合传统的习惯，可将石雕制品分为以下几类：

（1）观赏、挂藏和收藏用石制工艺饰品石雕。如各种玉器饰物，各种观赏石及摆设件。这类石雕制品体积一般比较小。

（2）石窟和摩崖石刻。如敦煌石窟、云冈石窟、龙门石窟及其石刻制品。

（3）陵园石雕。如各种陵墓石雕、石棺、墓葬祭品等。

（4）宫殿、宅第和园林石雕。如北京的故宫、颐和园、河北承德避暑山庄等的石质雕刻品。

（5）寺庙神殿、祭坛石雕。如北京雍和宫、山东孔庙中的石柱、石栏和神龛等。

（6）石阙和牌坊石雕。如孔庙的石牌坊石雕。

（7）塔建筑石雕。如各种石塔。

（8）碑书石雕。如各种纪念碑、陵墓碑等。

（9）人物与动物石雕。如名人雕像、佛像、石狮等。

（10）生活工艺用品石雕。如桌、椅、凳、茶几、灯具、墨砚凳。

（11）影雕：各种风景、人物、动物影像。

（二）按石材矿床类型结合工艺商业属性划分

天然石材按工艺商业结合岩石类型划分，可分为大理石、花岗石、板石3类，并可根据矿床成因和矿石的岩石属性进一步划分为多种亚类型，其中大理石矿床可分为4大类14个亚类；花岗石矿床可分为2大类18个亚类；板石矿床可分为2大类8个亚类（表1–2）。

表1–2　天然石材类型划分表——按石材矿床类型

矿种	矿床成因类型			实例
	大类		亚类	
大理石	沉积型	碳酸盐岩	1.特殊结构构造的石灰岩大理石	河北磁县紫豆瓣
			2.含化石的石灰岩大理石	安徽灵璧红皖螺、湖北利川腾龙玉
			3.石灰岩大理石	贵州安顺贵州黑、浙江杭州杭灰
			4.沥青质石灰岩大理石	四川旺苍巴墨玉
			5.泥灰岩大理石	山东临朐红花石
			6.白云岩大理石	陕西洛南洛南白、贵阳粉红色大理石
			7.泥质大理石	陕西黄河木纹石
	再沉淀的钟乳石		8.钟乳石大理石	广西金州木纹黄
	再沉淀的方解石脉		9.方解石脉大理石	河南淅川米黄玉
	变质型	碳酸盐岩	10.大理岩大理石	湖北黄石秋景、云南大理点苍山白
			11.白云石大理岩大理石	北京房山汉白玉、云南大理苍白玉
		镁质碳酸盐岩	12.蛇纹石大理岩大理石	陕西潼关香蕉黄
		硅酸盐岩	13.镁橄榄石矽卡岩大理石	辽宁东沟丹东绿
		角岩	14.角岩大理石	安徽繁昌墨玉、福建华安“九龙壁”

续表

花岗石	岩浆型	碱性岩	1.霞石正长岩和霓霞正长岩花岗石	云南建水紫蓝花、辽宁凤城杜鹃花
		酸性岩	2.白岗岩花岗石	江西分宜莲花白
			3.花岗岩花岗石	山东五莲花、湖南华容水芙蓉、福建南安砻石
			4.天河石花岗岩花岗石	新疆哈密天山蓝宝
			5.钾长花岗岩和石英正长岩花岗石	四川石棉红、四川芦山红、广西岑溪红
		中性岩	6.中酸性火山岩或火山角砾岩花岗石	四川喜德红
			7.花岗闪长岩花岗石	山东泰安花、湖北武穴夜雪
			8.安山玢岩花岗石	广西博白黑、河南偃师雪花青
			9.闪长岩花岗石	山东荣成黑
			10.歪碱正长岩花岗石	河北承德燕山绿
			11.角闪辉石正长岩花岗石	四川米易中华绿
		基性岩	12.玄武岩和辉绿岩花岗石	辽宁建平黑、福建福鼎黑
			13.辉长岩花岗石	山东济南青、内幕古丰镇黑
			14.拉长岩花岗石	巴西蓝钻、巴西绿钻
		超基性岩	15.角闪石阳起石岩花岗石	山西岱县金钻、夜玫瑰
			16.角闪岩和辉石岩花岗石	北京京黑玉、新疆哈密翠
	变质型		17.混合花岗岩花岗石	灵丘贵妃红、平邑将军红
			18.变质硅质砾岩花岗石	河南嵩山卵
板石	沉积型		1.钙质页岩板石	湖北房县黑板石
			2.粉砂岩板石	湖北宜昌黑、绿板石
			3.石英砂岩板石	山西黎城红板石
			4.薄层粉晶灰岩板石	河北易县黑板石、灰板石
	变质型		5.石英片岩板石	河北赞皇红板石
			6.板岩板石	湖北巴东黑板石、陕西紫阳绿板石
			7.千枚岩板石	北京辛庄红板石、湖北通山绿板石
			8.变粒岩板石	河南林县银晶板石

（三）按颜色分类

按照石材的颜色分类，也是常用的分类方法之一，分类结果见表1-3。

（四）天然石材的命名及编号

1. 天然石材的命名方法

石材的命名一般采用以下5种方法：

（1）地名+颜色：如印度红、卡拉拉白、莱阳绿、天山蓝；

（2）形象命名：如雪花、碧波、螺丝转、木纹、浪花、虎皮；

（3）形象+颜色：如琥珀红、松香红、黄金玉；

（4）人名（官职）+颜色：如关羽红、贵妃红、将军红；

（5）动植物+颜色：如芝麻白、孔雀绿、菊花红。

表1-3 天然石材类型划分表——按颜色

石材种类	颜色	岩性	实例
大理石	红色	1.含化石的石灰岩 2.白云质大理岩 3.石灰质大理岩 4.角砾状灰岩	安徽灵璧红皖螺、辽宁金县东北红、河北桃红、广元珊瑚红、河北紫豆瓣、灰豆瓣
	白色	1.白云石大理岩 2.方解石大理岩 3.灰质白云岩	陕西洛南白色大理石、北京房山汉白玉、四川宝兴白、中喜白玉、广西白、云南大理点苍白、江苏赣榆雪花白、江西雅士白
	黑色	1.石灰岩 2.生物灰岩 3.花斑状灰岩 4.鲕状灰岩 5.条带状灰岩、白云岩	湖北黑白根、桂林黑、河南淅川墨玉、广西银白龙、贵州海贝花、山东黑金花、山东黄金海岸、贵州黑木纹、湖南皇家金檀
	灰色	1.石灰岩 2.白云质灰岩 3.白云质大理岩 4.灰质白云岩 5.条带状白云岩、石灰岩	浙江杭灰、广西灰姑娘、恺撒灰、江西冰钻灰、江西亚伯灰、贵州灰木纹、喀斯特灰
	绿色	蛇纹石化大理岩	陕西潼关香蕉黄、辽宁丹东绿、莱阳绿、新疆金米黄
	米黄色	1.化学石灰岩 2.生物灰岩 3.条带状灰岩	北川米黄、安琪米黄、冰花米黄、白海棠、贵州米黄、贵州木纹
	彩色	含化石的石灰岩大理石条带状、团块状大理岩	湖北鹤峰五彩鹤、湖北利川腾龙玉、江西古木纹
花岗石	白色	酸性岩中的浅色花岗岩	江西宜春珍珠白、内蒙古镶黄旗白麻、福建芝麻白、山东白麻
	红色	酸性岩的红色花岗岩	四川石棉红、四川芦山红、广西岑溪红、四川喜德红、山东柳埠红
		混合岩化红色花岗岩	山西灵丘贵妃红、山东平邑将军红、福建烽石白、河南太行红、山西虎皮红
	蓝、绿色	碱性、酸性岩中的蓝、绿色花岗岩	新疆哈密天山蓝、四川冰花蓝、米易绿、承德燕山绿
	黑色	1.基性、超基性岩体中的辉绿岩、辉长岩 2.基性火山喷出岩	丰镇黑、太白青、北岳黑、太行墨玉、济南青、建平黑、蒙古黑、福鼎黑

续表

	灰色	中性侵入岩	山东泰安花、湖北武穴夜雪、广西博白黑、河南偃师雪花青、山东荣成黑、海南屯昌珍珠黑
	幻彩	酸性混合岩化花岗岩	泰山石、河北五彩石、内蒙古蝴蝶蓝、广西海浪花、湖北浪淘沙
	黄色及锈色	1.酸性花岗岩 2.酸性花岗石风化岩	福建米黄珍珠、卡拉麦里金、福建锈石、山东锈石
板石	黑色	钙质页岩板岩、细砂岩	湖北房县、巴东县黑板石、福建青石、四川青石
	红、紫色	石英砂岩板岩、含铁石英砂岩	山西黎城红板石
		千枚状板岩	湖北辛庄红板石
	绿色	千枚岩、细砂岩	湖北通山绿板石、四川青砂岩
	浅灰色	白云母变粒岩板岩	河南林县银晶板石
	铁锈色	含铁云英质板岩	陕西紫阳县锈板
	白色	石英砂岩	四川白砂岩
	黄色	粗砂岩、细砂岩	云南木纹砂岩、湖南、山西黄砂岩

2. 天然石材的统一编号

我国天然石材统一编号形式分为3个部分。

第1部分：由一位英文字母组成，石材种类代码代表石材的种类。

a）花岗石（Granite）——“G”；

b）大理石（Marble）——“M”；

c）石灰石（Limestone）——“L”；

d）砂岩（Sandstone）——“Q”；

e）板石（Slate）——“S”。

第2部分：由两位数字代码组成，石材产地代码代表国产石材产地的省（自治区、直辖市）名称。各省、自治区、直辖市行政区划代码见GB/T 2260-2002。

第3部分：由两位数字或英文字母组成，产地石材顺序代码为各省、自治区、直辖市产区所属的石材品种序号，由数字0～9和大写英文字母A～F组成。

如G3701表示山东省的花岗石石材“济南青”。

3. 石材荒料标记

按名称、编号、规格尺寸、大面标识（⟷）和标准编号的顺序标记。

示例：石岛红G3786，规格尺寸为250 cm×75 cm×130 cm的荒料标记如下：

名称：石岛红花岗石荒料

标记：G3786 250×75×130 ⟷ JC/

T 204—2011

二、人造石材的分类及命名

用于室内装饰的人造石材可分为人造大理石、微晶石和玻化砖等。

（一）人造大理石

人造大理石由黏结剂与碎石组成，呈中性或偏碱性。人造大理石结构致密，毛孔细小，可调节色彩，利于饰面装饰。其缺点是硬度较低，光度不一致。就防护来说，其病症出现的概率很小，主要是防污。按生产所用原材料及生产工艺，一般可分为4类。

1. 水泥型人造大理石

以水泥作为黏结剂，沙为细骨料，碎大理石、花岗石、工业废渣等为粗骨料，经配料、搅拌、成型、加压蒸养、磨光、抛光而制成，俗称“水磨石”（图1–9）。

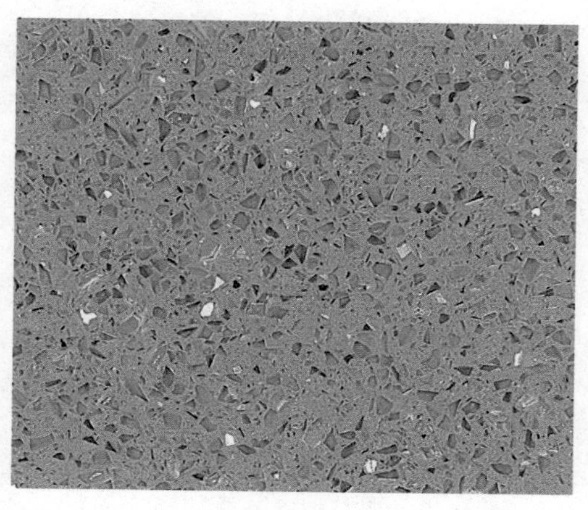

图1–9 水泥型人造大理石

2. 聚酯型人造大理石

以不饱和聚酯为黏结剂，与石英砂、大理石、方解石粉等搅拌混合，浇铸成型，在固化剂作用下产生固化作用，经脱模、烘干、抛光等工序而制成（图1–10）。我国多用此法生产人造大理石。

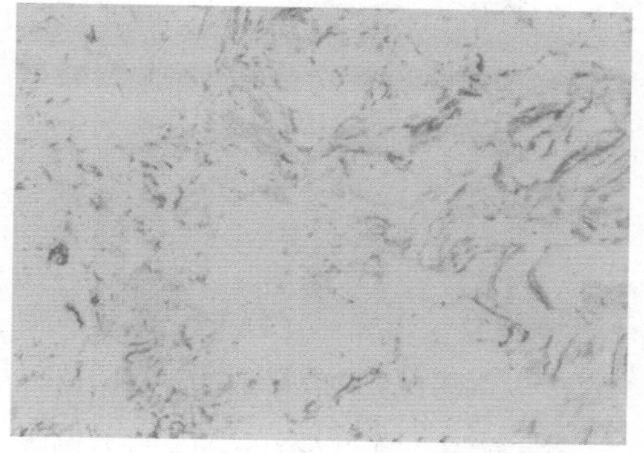

图1–10 聚酯型人造大理石

3. 复合型人造大理石

是指该种石材的胶结料中，既有无机胶凝材料，又有有机高分子材料。主要的技术方法有两种：一是用无机胶凝材料将碎石、石粉等集料胶结成型并硬化后，再将硬化体浸渍于有机单体中，使其在一定条件下聚合而成；二是制成复合板材，底层用廉价而性能稳定的无机材料制成，不需磨光、抛光，而面层采用聚酯和大理石粉制作。这种构造可以获得最佳的装饰效果和经济指标，目前采用较普遍。

4. 烧结型人造大理石

将长石、石英、辉石、方解石粉和赤

铁矿粉及少量高岭土等混合，用泥浆法制备坯料，用半干压法成型，在窑炉中用1 000℃左右的高温烧结而成（图1–11）。

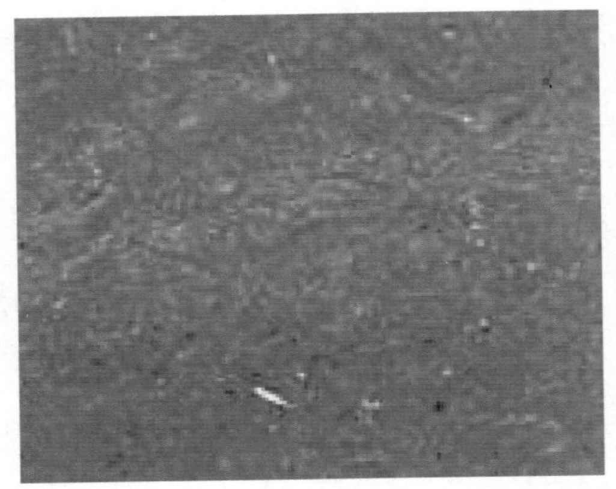

图1–11 烧结型人造大理石

上述4种人造大理石装饰板中，以聚酯型最常用，其物理、化学性能最好，花纹容易设计，有重现性，适应多种用途，但价格相对较高；水泥型最便宜，但抗腐蚀性能较差，容易出现微裂纹，只适合于做板材。其他两种生产工艺复杂，应用很少。

（二）微晶石

微晶石是由含氧化硅的矿物在高温作用下，其表面玻化而形成的一种人造石材（图1–12）。主要成分是氧化硅，偏酸性，结构非常致密，其光度和耐磨度都优于花岗石和大理石，不易出病症。由于微晶石硬度太高，且有微小气泡孔存在，不利于翻新研磨处理。

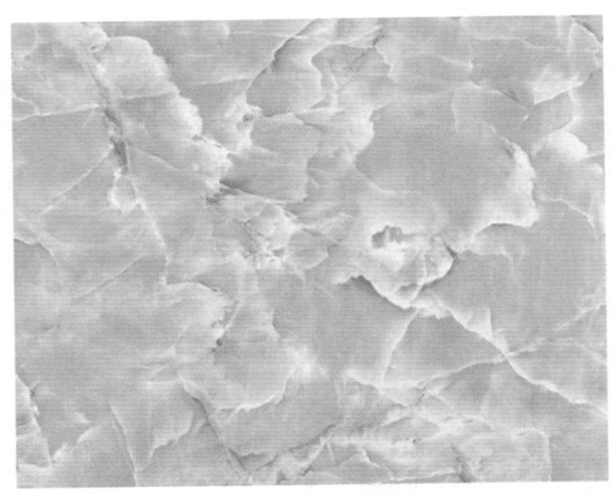

图1–12 微晶石

（三）玻化砖

玻化砖，也叫通体砖、玻化石、抛光砖，专业的叫法是瓷质玻化石。它是由石英砂、黏土按照一定比例烧制，然后用磨具打磨而成（图1–13）。其色彩艳丽柔和，没有明显色差，表面如镜，透亮光滑。呈弱酸性，理化性能稳定，耐腐蚀，抗污性强，无放射性有害元素。厚度较薄，砖体轻巧，建筑物荷重减少，抗折强度高（>45 MPa）。

图1–13 玻化砖

天然石材的基本特征

一、花岗石

（一）基本特征

花岗石矿床主要与岩浆作用有关，次为混合岩化作用。据此可分为中–酸性岩、碱性岩、基性–超基性岩及混合岩等不同类型。

该类矿床由地下岩浆喷出和侵入冷却结晶形成，以及原岩经变质作用形成，具有结晶晶体结构和块状、片麻状构造。它主要由暗色矿物（橄榄石、辉石、角闪石、黑云母等）、长石（通常是钾长石和斜长石）和石英等组成，并含少量的锆石、磷灰石、磁铁矿、钛铁矿和榍石等矿物。主要成分是二氧化硅，含量45%～85%，岩石化学性质呈弱酸性。一般呈黑色、灰色、灰色带白色或红色等，颜色随暗色矿物和浅色矿物的含量比例不同而变化。基性岩石中主要矿物为黑色辉石，岩石颜色以黑色为主。中性岩中暗色矿物以角闪石和斜长石为主，颜色显灰色。酸性岩中长石是决定岩石颜色的主要因素，钾长石的加入使得其呈红色或肉色，当斜长石颜色为黄色时岩石显示淡黄色或者黄色。在碱性岩石中，碱性长石颜色决定了岩石颜色，如歪长石、霞石等，可使得岩石成为棕色、绿色、灰蓝色等；天河石、方钠石可使岩石成为蓝色，拉长石带有自然的多彩晕色。

由于形成的特殊条件和致密的结构特点，花岗石具有如下独特性能：

（1）具有良好的装饰性能，可用于公共场所及室内外的装饰。

（2）具有优良的锯、切、磨光、钻孔、雕刻等加工性能。其加工精度可达0.5 μm以下，光泽度达100度以上。

（3）耐磨性能好，比铸铁高5～10倍。

（4）热膨胀系数小，不易变形，受温度影响极微。

（5）弹性模量大，高于铸铁。

（6）刚性好，内阻尼系数大，能防震、减震。

（7）具有脆性，受损后只是局部脱

落，不影响整体的平直性。

（8）化学性质稳定，不易风化，能耐酸、碱及腐蚀气体的侵蚀。其化学性质与二氧化硅的含量成正比，使用寿命可达几百年。

（9）不导电、不导磁，场位稳定。

（二）各不同类型花岗石矿床特征（以我国石材矿床为例）简介

1. 与中–酸性岩浆岩有关的花岗石矿床

（1）白岗岩花岗石矿床

白岗岩为花岗岩的变种，属超酸性岩，主要由石英和酸性斜长石组成。形成石材的岩石中基本不含暗色矿物或暗色矿物含量不大于5%，可含少量白云母。

我国目前已知的矿床有江西分宜的“莲花白”矿床、江西宜春的珍珠白矿床和内蒙古镶黄旗的白麻矿床。“莲花白”因石英吸光，板材表面似在白光中微现莲青色，故名。

（2）花岗岩花岗石矿床

这是一种分布广，但花色较一般的矿床。矿体由花岗岩岩基构成，有时也由花岗斑岩岩枝、岩瘤或岩脉构成，一般形成时代晚，荒料块度大。板材浅灰略带淡肉红或淡红色。实例有山东“五莲花”、山东白麻、湖北“三峡红”（图1–14）、湖南“水芙蓉”及福建“泉州白”、福建内厝白、厦门同安云雾白、泰宁珍珠蓝等。

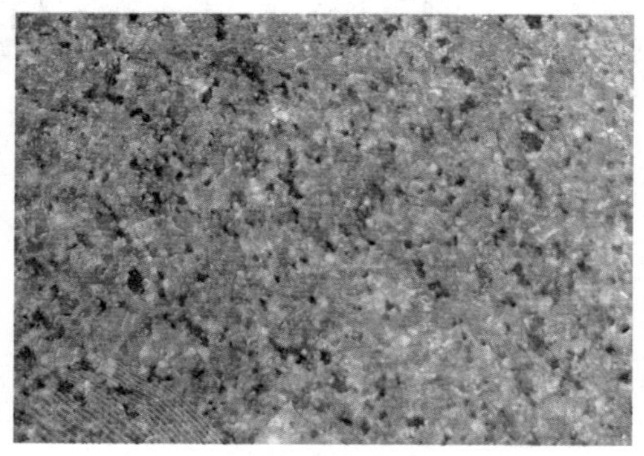

图1–14　湖北“三峡红”

（3）天河石花岗石矿床

这是一种含天河石的花岗岩变种，是一种特殊的花岗石品种，主要矿物为长石、石英、云母等，因含一定量天河石而使板材呈淡蓝色，产于新疆哈密，商品名称为“天山蓝”（图1–15）。

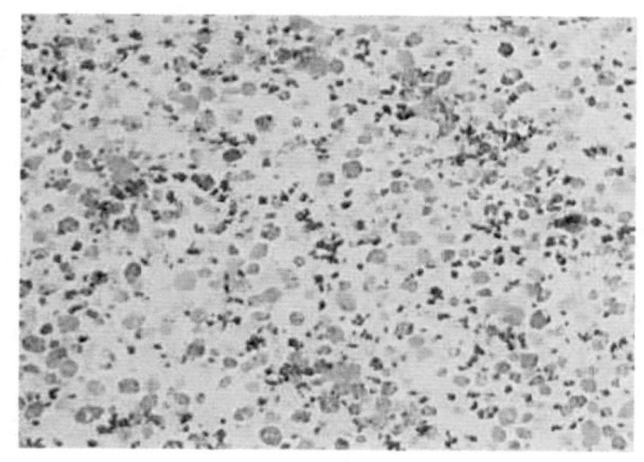

图1–15　天山蓝

（4）钾长花岗岩和石英正长岩花岗石矿床

该类矿床与钾化有关，以含有大量

红色钾长石为特征，属红色系列花岗石矿床类型，多呈岩株、岩瘤、岩脉状。岩石节理、裂隙较发育，荒料块度一般较小。品种有枣红色系列——印度红、正红色系列——高宝顶、艳红色系列——芦山红、灰红色系列——岑溪红（图1–16），以及玫瑰红、黄红色等。

（5）中–酸性火山岩花岗石矿床

该类矿床由中酸性凝灰岩或流纹岩构成。矿体呈面状分布，矿石多为砖红、褐、暗紫色等，多具有凝灰结构、流纹状构造。以分布于浙江、福建及四川等地为多，品种如四川“喜德红”（图1–17）、浙江嵊州“东方红”“云花红”等。

（6）花岗闪长岩花岗石矿床

这是分布较为普遍的一种花岗石矿床。矿石呈灰白色，主要矿物成分为长石、角闪石及黑云母等，颜色深浅与暗色矿物含量的多少有关。多呈岩基或岩株产出，成矿时代多为海西期或燕山期，受构造运动影响小，荒料块度较大。品种有山东“泰安花”“鲁灰”“北京瑞雪”等。

（7）安山玢岩花岗石矿床

安山玢岩是一种中性喷出–浅成岩，颜色深灰色、浅玫瑰红或褐色，一般具有斑状结构、块状构造，呈脉状或岩床状产出，矿床类型少。品种如河南“雪华青”、广西“博白黑”（图1–18）、湖北武穴“夜雪”等。

图1–16　岑溪红

图1–17　喜德红

图1–18　广西“博白黑”

（8）闪长岩花岗石矿床

闪长岩是一种中性深成岩，多呈深灰色，有时也呈黑绿色或灰绿色。矿体多呈不规则状，或与酸性岩、基性岩相伴。品种如山东“荣成灰”、海南“芝麻灰”。

2. 与基性–超基性岩有关的花岗石矿床

（1）玄武岩和辉绿岩花岗石矿床

玄武岩是基性喷出岩，常呈面状产出。玄武岩板材含气孔构造，需修补才能出售。辉绿岩是基性浅成侵入岩，常呈脉状产出。品种有辽宁“建平黑”（图1–19）、山东郯城“平绿花”、黑龙江武安“黑洞石”、内蒙古赤峰“蒙古黑”、福建“福鼎黑”等。

（2）辉长岩花岗石矿床

辉长岩为基性侵入岩，多呈岩基产出，质量好的一般呈细—中粒结构，色黑，光泽明亮。品种有山东“济南青”（图1–20）、内蒙古“丰镇黑”等。

（3）拉长岩花岗石矿床

该类矿床主要由拉长石组成，含量大于90%。拉长石内部近平行板状的细页片状双晶与出溶结构面对入射光产生干涉，形成美丽的蓝、绿、紫、金黄等色的变彩，因此具有特别美观的装饰性。品种有巴西蓝（图1–21）、巴西绿。我国的承德蓝、蓝宝星等品种也有少量的蓝色闪星。

图1–19　辽宁“建平黑”

图1–20　山东“济南青”

图1–21　巴西蓝

（4）角闪石岩和辉石岩花岗石矿床

矿石几乎由角闪石或辉石组成，呈黑色。细粒结构者颜色纯黑、细腻，属高档黑色花岗石系列。矿床多呈脉状产出，荒料块度较小。典型实例为陕西蓝田“黑冰花”。岩石中含有正长石时，可形成墨绿色品种，如河北“万年青”（图1–22）；含有橄榄岩时，呈深绿色，如新疆“哈密翠”。

3. 与碱性岩有关的花岗石矿床

与碱性岩有关的花岗石有霞石正长岩和霓霞正长岩，通常呈不大的岩基产出。霞石正长岩含有深蓝色方钠石，常使板材具有美丽的花纹，典型实例为云南建水普雄三道沟霞石正长岩，其板材微带蓝紫色、具大朵斑晶；霓霞正长岩构成的矿体，其板材的颜色为绿色，由绿底带褐红色的朵状斑晶乃至全部为艳丽的暗褐色朵状斑晶组成，典型实例为辽宁凤城的杜鹃红矿床（图1–23）、广东佛冈竹叶青、承德燕山绿、米易绿等。

4. 混合花岗岩或花岗片麻岩花岗石矿床

这是一种经区域变质作用或混合岩化作用形成的花岗石矿床，长石多被钾化，故颜色多呈红色系列。矿体一般呈岩基产出，呈枣红、玫瑰红和黄红色等，具有不同程度的片麻理，块度一般较小。典型品种为四川“桃园红”、山东“将军红”（图1–24）等。

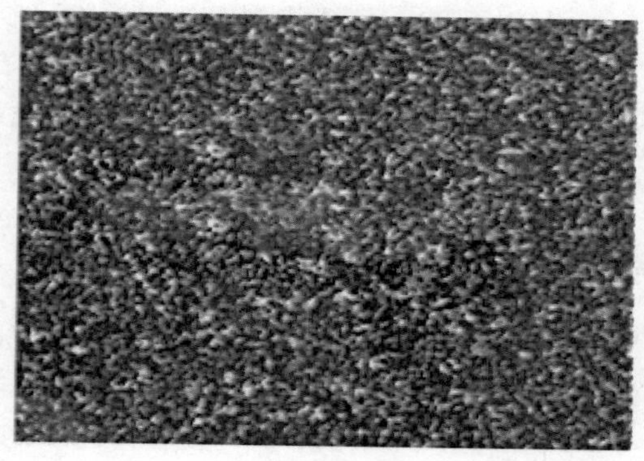

图1–22 河北“万年青”

图1–23 杜鹃红矿床

图1–24 山东“将军红”

二、大理石

（一）基本特征

大理石矿床可分为沉积型和变质型两大类。

沉积型大理石是沉积作用形成的石灰岩、白云岩等，主要成分是方解石、白云石或两者的混合物。微重结晶石灰岩、微晶石灰岩以及能抛光的石灰华都被作为大理石石材使用。一般以中厚层构造为主（薄层灰岩可作为板石使用）。沉积型大理石具有许多鲜明的自然特征，如方解石的纹路或斑点、化石或者贝壳结构、坑洞、细长的纹理、蜂巢结构、铁斑、类似石灰华的结构以及结晶差异等。上述一种或多种特征的组合将对大理石的质地产生影响。

变质型大理石是碳酸盐岩石经重结晶作用后形成的一种变质岩，通常伴随金属矿物、有机质、碳质、生物化石及泥质等不同成分构成的纹理，主要成分是方解石或白云石，含量为50%～75%，还含有少量的硅质、泥质矿物。石材表面条纹、花色分布一般较不规则，有的呈网状、条带状、条纹状，更多呈团块状、云朵状、山水画等图案。

大理石具有如下特性和优点：

（1）花色丰富，色彩柔和，装饰性能和装饰效果好；

（2）质地均匀、硬度适中，具有优良的加工性能，适合加工成各种板材和雕刻各种造型；

（3）化学成分较为单一，不含有毒有害成分或含量极少，使用范围广泛；

（4）含孔洞的石灰岩大理石具有质轻、隔热保温、隔音吸音功能，适合现代建筑对新型材料的要求；

（5）有些大理石品种具有较强的透光性，可以用作灯罩、灯箱、隔扇、地板、墙壁的高档透光材料，高档豪华。

（二）各类型大理石矿床的特征

1. 沉积岩型大理石矿床

（1）含特殊结构构造的大理石矿床

此类矿床一般以竹叶状灰岩为典型代表，它是以内碎屑为主的石灰岩。平面上，圆形、椭圆形的扁平砾石平行层面排列；垂直切面上，砾石的形状似竹叶，故名。竹叶的边缘常见一层黄或紫红的氧化铁质圈。矿层一般呈层状分布，厚数米，延伸范围大，能构成大型矿床。矿石呈特殊的结构构造，因此具有很好的装饰效果。典型实例有河北涿鹿的紫豆瓣大理石矿床（图1－25），矿层产于寒武纪紫色层状竹叶状灰岩中。乾隆年间在河北承德建造的避暑山庄，其铺地石即部分采用了涿鹿的紫豆瓣大理石。

图1－25　紫豆瓣大理石

（2）含化石的大理石矿床

此类矿床为由藻类活动堆积而成的灰岩，或是由原地固着生物骨骼构成的灰岩。前者称为藻灰岩，典型实例为安徽灵璧藻灰岩型大理石矿床，属震旦纪，为灰、粉红、棕红色叠层石灰岩，含藻类化石，因而具有螺状圆形或椭圆形花纹，故称“红皖螺”（图1－26）或“灰皖螺”；后者为礁灰岩，典型实例为湖北利川礁灰岩型大理石矿床，属二叠纪，造礁生物以海绵、水螅、苔藓虫为主，珊瑚次之。由于矿石保留了众多古生物形态，故呈现独特别致的花纹，结构细腻，命名“腾龙

图1－26　红皖螺

玉”，属珍稀大理石品种。

（3）具有细—粗粒致密块状结构的大理岩矿床

此类矿床一般具有厚层—中厚层状构造，颜色多为灰白色、深灰色。属这一类的矿床如贵州罗甸县的汉白玉、织金县的残雪大理岩，均为二叠纪茅口组灰岩；同一地层在贵州毕节市杨家湾地区则产黑色大理石；广东罗定市境内石炭纪地层中的红白网格花纹大理石称为角砾状大理岩；杭州石龙山石炭纪黄龙组、船山组地层中赋存杭灰大理岩（图1－27）；宜兴咖啡、红奶油、灰奶油等大理石则赋存在三叠纪青龙群灰岩中；湖南、江西等地的石炭纪地层中赋存双峰黑（图1－28）、雪花、墨玉、云灰、蛋青等大理石品种。

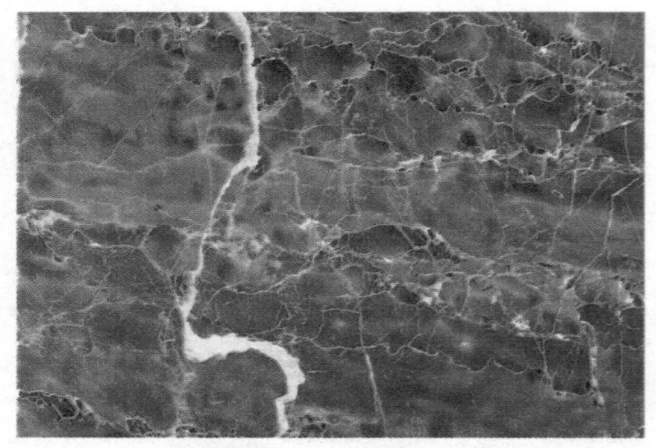

图1-27 杭灰

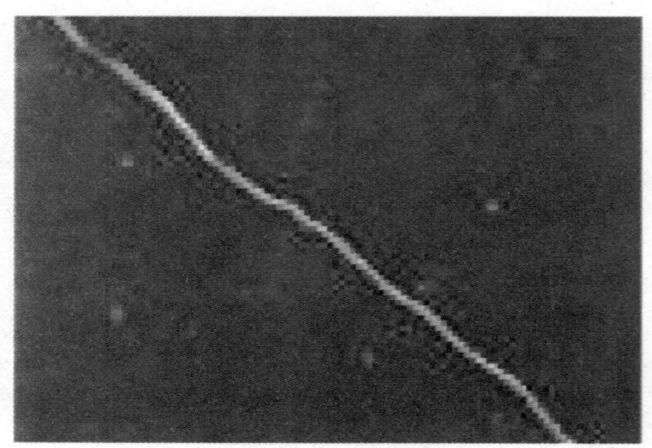

图1-28 双峰黑

2. 变质岩型大理石矿床

该类矿床以区域变质型大理石矿床和接触变质型大理石矿床为主，次为动力变质型矿床。

（1）区域变质型大理石矿床

区域变质型大理石矿床主要分布在地层时代较老的高级变质（中—深变质）大理岩中，具细晶—粗晶结构，致密块状构造，颜色鲜艳，光泽度高，多为高档石材。如北京房山地区的震旦纪—青白口纪区域变质地层中的汉白玉（图1-29）、竹叶青、螺丝转（图1-30）等品种；河北平山—灵寿一带的太古宙阜平群中的平山红、漫山红、晚霞、雪花白、灵寿绿等品种；山东平度、莱州元古宙变质地层中的雪花白（图1-31）、条灰大理

图1-29 汉白玉

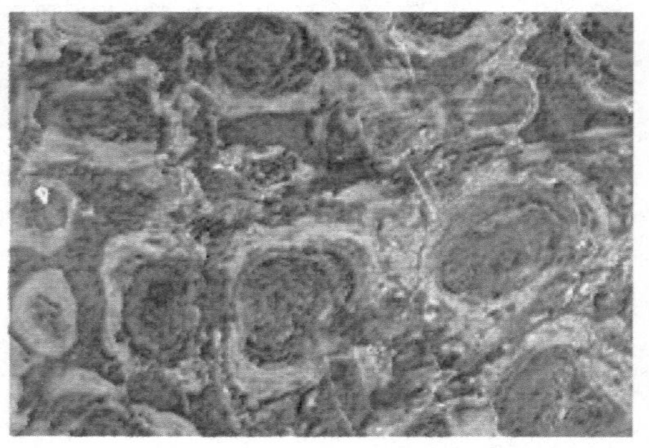

图1-30 螺丝转

图1-31 雪花白

石（图1-32）；莱阳—海阳一带的海阳绿、莱阳绿、莱阳黑、竹叶青大理石；江苏铜山、赣榆震旦纪区域变质地层中的红螺纹及雪花白等大理石；陕西潼关太古宙太华群大理石；四川宝兴前震旦纪宝兴白大理石；四川南江地区的前震旦纪南江白、南江红大理石等，都是优质高档大理石石材。

图1-32　条灰

（2）接触变质型大理石矿床

接触变质型大理石矿床主要分布在沉积碳酸盐岩与岩浆岩及其热液活动接触带附近，是原岩经受一定程度的热变质作用、交代作用，并伴随其他矿化而形成的大理岩。岩石颜色多样，有黄绿色、白色、红色等，色泽鲜艳，花纹美观，结构致密，是稀有高档大理石的主要矿床类型。如陕西潼关蛇纹石化大理石矿床，主要由蛇纹石组成，它是镁质碳酸盐岩经中低温热液交代作用或中低级区域变质作用联合矿化而成的。因蛇纹石化程度不同，形成黄、绿、黑三色相互过渡的美丽花纹，产出的大理石品种有香蕉黄、苹果绿和黑点满天星等；辽宁东沟镁橄榄石矽卡岩大理石矿床，矿体由淡绿、绿、墨绿、棕黄等蛇纹石化矽卡岩组成，著名品种为丹东绿（图1-33）。其他有牡丹江市拉古一带的灰绿—乳白色大理石；安徽广德的白玉大理石；河南内乡、淅川等地著名的米黄玉大理石（图1-34）；广东阳山的彩色大理石等。

图1-33　丹东绿

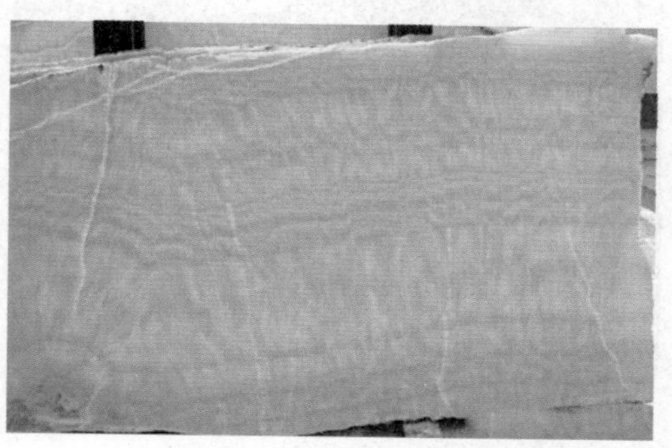

图1-34　米黄玉

（3）动力变质型大理石矿床

受构造应力作用，岩石受挤压、拉

张作用产生破碎，再经过后期物质胶结成岩，形成断层角砾岩或构造角砾岩、糜棱岩等，岩石具有明显的碎裂结构和构造，角砾形状、大小各异，角砾成分与胶结物成分有差异，或物质成分、颜色都有不同。构造角砾岩大理石花纹独特、色彩分明，可形成树枝状或网格状花纹，代表品种有深啡网、意大利大花白（图1–35）、印度大花绿、土耳其紫罗红（图1–36）等。

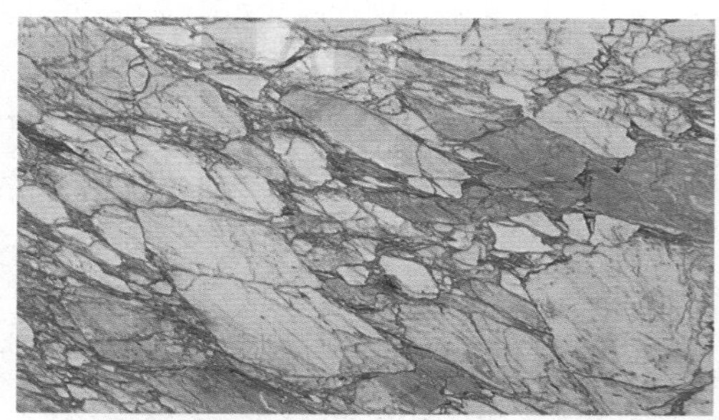

图1–35　意大利大花白

图1–36　土耳其紫罗红

三、板石矿床

（一）基本特征

板石矿床按其成因可分为沉积型和变质型。沉积型由钙质页岩、薄层灰岩、砂岩、粉砂岩等岩石组成；变质型以板岩、千枚岩和变粒岩为主。从岩石化学成分和结构构造看，板岩和千枚岩实际成分也近似属于页岩系列，而变粒岩可近似属于砂岩系列。故可将板石划分为页岩系列和砂岩系列。

1. 页岩系列板石

页岩系列板石根据成分可分为碳酸盐岩型板石（图1–37）、黏土岩型板石（图1–38）和炭质、硅质板石。

页岩系列板石的结构表现为片状或块状，颗粒细微，粒度在0.9～0.001 mm

图1–37　碳酸盐岩型板石

图1–38　黏土岩型板石

之间，通常为隐晶结构，较为密实，且大多数定向排列，岩石劈理发育明显，厚度均一，硬度适中，吸水率较小。板石的颜色多以单色为主，如灰色、黄色、绿灰色、绿色、青色、黑色、褐红色、红色、紫红色等。由于颜色单一纯真，给人以素雅大方之感。板石一般不再磨光，显示自然形态和自然美感。

图1-39　青砂岩

2. 砂岩系列板石

砂岩石材的特点是矿层厚，矿体完整性好，易于开采出大规格荒料。由于砂粒颗粒均匀，质地细腻，结构较疏松，吸水率较高（在防护时的造价较高），砂岩系列板石具有隔音、吸潮、抗破损、耐风化、耐褪色、水中不溶化、无放射性等特点。砂岩板石不能磨光，属亚光型石材，不会产生因光反射而引起的光污染，又是一种天然的防滑材料。从装饰风格来说，砂岩可创造一种暖色调的风格，既显素雅、温馨，又不失华贵大气；在耐用性上，砂岩则绝对可以比拟大理石、花岗石，它不会风化，不会变色。许多在一二百年前用砂岩建成的建筑至今风采依旧，风韵犹存。根据这类石材（图1-39～图1-42）的特性，除常用于室内外墙面装饰及家私用品外，砂岩更多被用来做成浮雕或圆雕制品。砂岩作为市政、

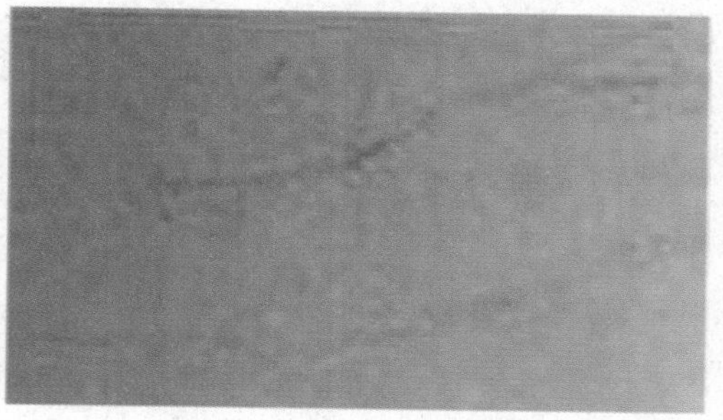

图1-40　红砂岩

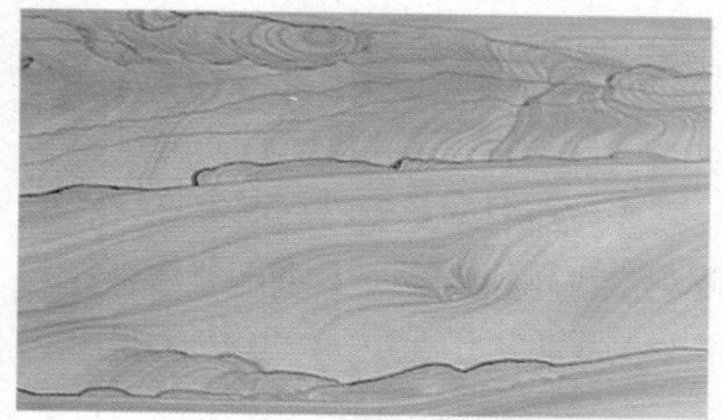

图1-41　黄砂岩

图1-42　白砂岩

园林用石也很普遍，如砂岩文化石、步道石、甬道石、广场石、挡土墙、蘑菇石等，用途非常广泛。

（二）各类型矿床特征

1. 沉积型板石矿床

沉积型板石矿床的岩石由沉积作用形成，以隐晶质结构、粉砂状结构和粉晶状结构为主，多具页理构造、微薄层状构造。该类型矿石强度一般不高，板面一般较粗糙，光泽性较差。可分为4个亚类。

（1）钙质页岩板石矿床

矿石呈隐晶质结构，页理发育，含较多的有机质，多呈黑色。典型矿床为北京房山区的钙质页岩矿床。

（2）粉砂岩板石矿床

矿石具粉砂状结构，薄层状构造，沿层理可劈分成0.8～2 cm的薄板。典型实例为湖北宜昌砂质粉砂岩绿板石矿床。

（3）石英砂岩板石矿床

矿石具不等粒砂状结构，薄层状构造。砂岩层面多具波痕，岩石较致密坚硬，强度较高。典型矿床为山西黎城石英砂岩红板石矿床。

（4）薄层粉晶灰岩板石矿床

矿石具粉晶结构，薄层状构造，易剥分成薄板，板面平整。典型实例为河北易县的灰色含白云石粉晶灰岩板石矿床。

2. 变质型板石矿床

岩石一般经受了浅变质作用，强度较高，板面具丝绢光泽，具板状构造和千枚状构造。按岩性不同，变质型板石矿床可分为3个亚类。

（1）板岩板石矿床

板岩板石矿床是具板状构造的浅变质矿床，外表呈致密隐晶质结构，矿物颗粒很细，有时在板面上可见少量绢云母和绿泥石等矿物，使板面呈现些微丝绢光泽。板岩因含杂质不同而具有不同颜色，因此多以颜色命名。典型矿床有湖北巴东的黑板石矿床、北京辛庄的黄绿色粉砂质板石矿床等。

（2）千枚岩板石矿床

属具千枚状构造的区域浅变质矿床，变质程度比板岩高，片理面上具有明显的丝绢光泽。一般具细粒鳞片变晶结构，常具褶皱构造。典型矿床为北京辛庄的千枚岩板石矿床。

（3）变粒岩板石矿床

属区域浅—中等程度变质岩石，具等粒状变晶结构，含浅色矿物较多，暗色矿物较少，多为浅灰白色。因岩石中矿物多呈定向排列，故岩石具有似层状或片理状构造，可将岩石剥离成薄片状。典型实例有河南林州白云母变粒岩银晶板石矿床。

我国部分花岗石、大理石、板石的化学成分见表1-4。

表1-4 我国部分石材的化学成分（%）

种类	花岗石				大理石				板石			
商品名称	虎斑花	贵妃红	济南青	柳埠红	丹东绿	铁岭红	汉白玉	杭灰	银晶板石	紫板石	黑板石	红板石
岩石种类	眼球状片麻岩	混合花岗岩	辉长岩	花岗岩	镁橄榄石矽卡岩	大理岩	白云岩	石灰岩	白云母变粒岩	绢云母千枚岩	板岩	石英岩状砂岩
颜色	黑白	红	灰黑	红	绿	红	白	灰	浅灰白	紫	黑	红
矿山名称	福建铁场	山西东庄	山东华山	山东柳埠	辽宁丹东	辽宁铁岭	北京房山	浙江石龙山	河南林县	北京辛庄	湖北巴东	山西黎城
CaO	1.65	1.08	8.08	0.25	1.24	44.14	32.15	55.08	0.75	0.96	4.32	0.42
MgO	1.07	0.35	14.54	0.65	45.58	1.21	20.13	0.07	0.42	0.72	0.60	0.38
SiO_2	67.99	73.92	48.80	75.64	36.84	12.04	0.19	0.29	84.62	60.17	69.08	96.16
Al_2O_3	14.75	12.74	12.54	12.62	0.02	2.76	0.15	0.76	7.34	21.26	10.36	1.86
Fe_2O_3	3.73	0.95	1.39	1.13	0.38	1.30	0.04	0.03	2.27	7.04	4.70	0.94
FeO	2.27	1.18	8.95	0.45								
K_2O	5.75	4.90	0.49	4.39	0.06	1.34	0.04	0.07	3.15	2.64	1.80	0.07
Na_2O	3.15	3.30	2.10	4.00	0.12	0.08	0.09	0.07	0.20	2.04	2.00	0
TiO_2	0.45	0.27	0.37	0.08	0.01	0.11	0	0				
MnO	0.12	0.03	0.18	0.04	0.06	0	0.02	0.01				
烧失量	1.09	1.14	0.65	0.50	10.53	35.81	46.20	43.63	0.86	3.43	5.06	0.38

石材评价的基本方法和要求

目前市场上常见的石材有天然石材和人造石材两类。其中，天然石材主要有大理石、花岗石、板石，大理石中以汉白玉为上品，花岗石比大理石坚硬，花色品种多；人造石材是以水泥、混凝土、碎石、黏合剂等原料锻压加工抛光而成。

本文主要讨论天然石材的评价方法。

一、石材评价的基本方法

一般情况下，首先要求石材应有很好的装饰性，也就是要有光洁绚丽的色泽和花纹；第二要求成材的可能性高，能开采、加工出数量较多的大块荒料和板材；第三要求加工性能好，具有很好的可锯性、磨光性和抛光性；第四要求使用性能好，坚固耐久，不易变色，具有一定的抗压、抗折、抗冻和吸水少的优点。

市场上天然石材产品质量良莠不齐，对于加工好的成品石材，其质量好坏可以从4个方面来鉴别：

一观：肉眼观察石材的表面结构。一般来说，均匀细粒结构的石材具有细腻的质感，为石材之佳品；粗粒及不等粒结构的石材外观效果较差。另外，石材由于地质作用的影响常在其中产生一些细微裂缝，石材最易沿这些部位发生破裂，应注意甄别。至于缺棱角，更是影响美观，选择时尤应注意。

二量：量石材的尺寸规格，以免影响拼接，或造成拼接后的图案、花纹、线条变形，影响装饰效果。

三听：听石材的敲击声音。一般而言，质量好的石材敲击声清脆悦耳；相反，若石材内部存在轻微裂隙或因风化导致颗粒间接触变松，则敲击声粗哑。

四试：用简单的试验方法来检验石材的质量好坏。通常在石材的背面滴上一小滴墨水，如墨水很快四处分散浸出，即表明石材内部颗粒松动或存在缝隙，石材质量不好；反之，若墨水滴在原地不动，则说明石材质地好。但此种方法主要针对花岗石和大理石石材，对于板石石材不能采用此法鉴别。

二、石材评价指标

石材可以通过装饰性能、成材性能、加工性能、使用性能4个指标进行评价。

（一）装饰性能

石材的装饰性能是确定石材矿床是否具有工业价值，也是衡量石材珍贵程度的主要标准。装饰性能好的石材给人以和谐、典雅、庄重、高贵、豪华等美的享受。石材的装饰性能的优劣主要由石材的颜色、光泽、表面花纹和具有可拼性图案来决定的，同时不应有影响美观的氧化杂质、色斑、色线和包裹体、锈斑、空洞与坑窝存在。

颜色、花纹是石材最重要、最直观的特征，它是人们选用时首先要考虑的因素。不同地区、不同民族、不同时期，由于生活水平、风俗习惯不同，人们的审美观念不同，对石材的选择差别就很大。有可能由于某种石材品种的装饰效果符合某一地区、某一民族的心理需要，在该地区就可能成为流行品种，而在其他地区则不被欣赏。所以在开采或评价某种石材品种时，首先考虑的是此品种的颜色和花纹是否能符合人们或某些地区、民族的审美观念，这是其能否畅销的必要条件，也是其能否产生经济效益的必要条件。

石材颜色归纳起来可分为红、白、黑、灰、彩色5类，市场价格往往随颜色的美艳和独特性及石材罕见程度的提高而提高。

石材的花纹与岩石结构构造、带色矿物或化石的分布情况有关。作为装饰用的石材一般要注意图案清晰，色彩分明，大面积拼接后花纹形态要有一定的规律，而且色彩要保持均匀和一致性。

光泽度是指磨光面的反光强度。石材的光泽度除与矿物组成及岩石的结构和构造有关外，还与加工后镜面的表面特性及镜面的平度、组成镜面颗粒的细度以及加工时表面上发生的物理化学反应有密切关系。因此，光泽度与加工方法和加工技术有很大关系。一般而言，只要加工技术能跟上，都能获得应有的光泽。

可拼性是指石材之间的可拼接性能，拼接粗糙会很大程度地影响装饰效果，而注意拼接则可能巧夺天工，收到奇效。

1. 花岗石装饰性能

影响花岗石装饰性能的重要因素是主要矿物组成及其含量变化、结构构造等因素。

花岗石石材的基本组成矿物是石英、长石等浅色矿物和角闪石、辉石、橄榄石和黑云母等暗色矿物。石材的基色主要取决于暗色矿物的种类和含量，当暗色矿物含量小于5%时，可形成白色花岗石，如江西莲花白；当暗色矿物含量多时，形成灰白色或灰色、黑色系列花岗石，如福建泉州白和湖北芝麻灰、中国黑等。

不同的长石对花岗石的颜色影响较大。一般情况下，斜长石使板材呈白色；不同含量的正长石使石材呈现深浅不同的红色。特别是拉长石的变彩效应，使含有该类长石的石材成为名贵的石材类型，如巴西蓝。花岗石石材中的石英多为无色或乳白色，其透明度越大，吸光性越强，反射光越少，石材的光泽度越低。

以暗色矿物为代表的黑色花岗石，

其名品必是纯黑或黑中带绿，并且有很高的光泽度，这以丰镇黑和太白青为代表；在该类石材中，酸性斜长石会在黑色的面板上产生很多细小的白点，这以济南青为代表。

云母类矿物对石材是一种有害矿物，含量较多时会使石材难以磨光，其解理易形成无光泽斑点，或因云母脱落形成凹坑，降低石材的美观程度。

花岗石中深色与浅色矿物的各自形状、相互位置、分布等结构构造特征会影响装饰性能，有特色的结构构造可使石材成为上乘佳品，如河南偃师的菊花石、雪华青等。一般来说，具粗粒结构和巨粒型结构的彩色花岗石其装饰性能较好，但对于单色花岗石来说，结构越致密，粒度越细小，则光泽度越高，质量越好。

2. 大理石装饰性能

大理石的颜色与所含矿物有关，如矿物的着色元素含量低则呈白色，含铜时呈绿色或蓝色，含钴时呈浅红色，含锰时呈玫瑰红色，含铁时呈黄色，含锶时呈浅蓝色，含蛇纹石时呈绿色或黄绿色，含有机质时呈黑色、灰黑色等。

大理石的光泽度随方解石、白云石的含量及其结晶程度的增高而增强，并随片状矿物、泥质等杂质成分含量的增加而降低。

大理石的花纹除与带状、片状矿物及不同矿物成分或化石的分布情况有关外，还与其结构构造有关。一般来讲，矿物颗粒越细小、致密，其质量越高。具特殊构造的岩石，如竹叶状灰岩、虎斑状灰岩、生物灰岩以及具有褶皱构造、芝麻点构造、阴影构造等，都可能形成具有绚丽别致的装饰花纹的大理石。

3. 板石装饰性能

板石的装饰性能主要在于其古朴自然的天然风格，不在于板材本身的强度、光泽、花纹等方面，因而在评价中主要关注岩石中矿物的粒度，应以隐晶质到细粒为主；颜色以对人的视觉冲击较大或简单明了的色调为主，如黑色、白色、红色、绿色等；板石应具有良好的劈分性，具有层理或片理，易于劈分加工。

（二）成材性能

石材的成材性能是指从矿床中开采、加工出一定规格、一定数量荒料和板材的可能性。成材性用成荒率和成材率两个指标来衡量。它们是评价石材矿山有无开采价值和价值大小的重要指标，也是衡量矿山开采与板材加工的方法、技术水平和管理水平的标准。成荒率和成材率的高低决定于地质条件和开采技术水平两个因

——地学知识窗——

成荒率

成荒率等于采出的荒料体积除以采出的矿石体积的百分比。荒料是指开采出来的无夹石和裂隙的具有一定块度，质量合格，经加工修整成矩形的石材毛坯。它既是锯板的原料，也可作为商品直接出售。荒料的块度愈大愈好。荒料的规格大小和质量与价值成正比关系。

素。地质条件中影响最大的是矿床裂隙和隐裂隙的发育程度，因此，评价石材必须认真研究岩体节理裂隙种类、成因和发育程度。成材性能是决定石材的经济效益好坏的因素。成材性能越好，其经济效益就越高。因此，工业上要求成材性能愈高愈好。

（三）加工性能

石材的加工性能指的是可锯性、磨光性和抛光性。荒料从矿山运至工厂后，要经过锯、切、磨以及其他方法加工，才能生产出各种石材制品。加工的目的是使石材制品具有用户所需要的形状、尺寸和加工表面。这些加工方法都是使用专门的

——地学知识窗——

成材率

成材率等于锯成的板材面积除以所用荒料的体积。

石材加工机械设备，按照严格的石材加工工艺进行的。工业上要求石材具有易于加工的性能。

加工性能的好坏取决于石材的硬度、机械强度、结构构造、隐形裂隙发育程度和杂质矿物含量等因素。结构构造均匀、细粒致密、无过硬矿物的矿石可锯性好，磨光性也好。磨光还与加工方法有关，同一块岩石在不同方法和技术水平下研磨时，所获得的光泽度有很大的出入。石材磨光后还需进一步抛光，抛光后的板材具有很强的光反射能力。矿物单一，不含片状矿物，矿物细小而均匀，结晶程度高的岩石，抛光后的光泽度更强，其光泽也将保持得更久。

另外，现代石材饰面效果不一定专注于镜面，更多的表面加工方法和效果也被开发和利用，如荔枝面、菠萝面、剁斧面、火烧面、水刷面、仿古面、机刨面、亚光面等。

（四）使用性能

石材的使用性能主要是指其抗折强度、抗压强度、容重、吸水率和耐冻性。对矿石评价时，一般都要进行测试。使用性能是必不可少的指标，对石材的使用性、耐久性、加工性及安装、运输等都非常重要。国内外特别是发达国家，对每一品种都要进行严格的测试。一般规定合格的花岗石、大理石的主要物理性能标准如下：

1. 花岗石板材指标

体积密度≥2.56 g/cm³；吸水率≤0.60%；干燥压缩程度（抗压性）≥100 MPa；弯曲程度（抗弯性）≥8.0 MPa。

2. 大理石板材指标

体积密度≥2.60 g/cm³；吸水率≤0.50%；干燥压缩程度（抗压性）≥50 MPa；弯曲程度（抗弯性）≥7.0 MPa。

我国对板石石材亦有相应的物理指标具体要求，主要指标为体积密度、吸水率以及抗压强度和弯曲强度等，但因为其岩石类型多样，指标差别较大，在此不一一列举。

石材的用途

一、花岗石石材的用途

天然花岗石属于高级建筑装饰材料，主要应用于大型公共建筑和装饰等级要求较高的室内外装饰工程。一般镜面花岗石板材和细面花岗石板材表面光洁光滑，质感细腻，多用于室内墙面和地面、部分建筑的外墙面装饰，也可用于室内外柱面、墙裙、楼梯、台阶及造型等部位，还可用于酒吧台、服务台、收款台、展示台及家具等装饰。粗面花岗石板材表面质感粗糙、粗犷，主要用于室外墙基础和墙面装饰，有一种古朴、回归自然的亲切感。还可用作墓碑材料、广场建筑材料（图1-43～图1-50）。另外，还可

图1-43　花岗石外墙

图1-44　花岗石内墙、台阶

图1-45　花岗石柱

图1-46　花岗石台面

图1-47　花岗石墓碑

图1-48　花岗石桌凳

图1-49　花岗石雕刻

图1-50　广场花岗石

为环境保护、化工、轻工、机械和精密仪器、农业等的石制品。具体用途可参见表1-1。

二、大理石石材的用途

大理石主要加工成各种型材、板材，用作建筑物的墙面（图1-51、图1-52）、室内地面、柱（图1-53）、台面（图1-54）、窗台，也是家具镶嵌的珍贵材料。还常用于纪念性建筑物，如碑（图1-55）、塔（图1-56）、雕刻（图

图1-51　大理石外墙

图1-52　大理石内墙、地面

图1-53　大理石柱

图1-54　大理石台面

图1-55　大理石碑

图1-56　大理石塔

1-57、图1-58）、雕像等的材料。大理石质感柔和，美观庄重，格调高雅，花色繁多，是装饰豪华建筑的理想材料，也是艺术雕刻的传统材料。特别是近十几年来大规模开采、工业化加工、国际性贸易，更使大理石大批量地进入建筑装饰装修业，不仅用于豪华的公共建筑物，也进入了家庭的装饰。大理石还大量用于制造精美的用具，如家具、灯具、烟具及艺术雕刻等。有些还可以做耐碱材料。在开采、加工过程中产生的碎石、边角余料也常用于人造石、石米、石粉的生产，可用作涂料、塑料、橡胶等行业的填料。

三、板石石材的用途

板石石材质地密实、强度中等、易于加工，可采用简单工艺凿割成薄板或条形材，用于建筑物墙面（图1-59）、墙裙、地坪、地面铺贴（图1-60）以及

图1-57 大理石雕刻之一

图1-58 大理石雕刻之二

图1-59 板石墙面装饰

图1-60 板石地面装饰

台（图1-61）、柱（图1-62）、庭院栏杆（板）、台阶以及砂岩浮雕等（图1-63、64）等，具有古建筑的独特风格。板石一般不宜制作碑石及其附属品、石雕石刻品、块石和工业用的石制品。

图1-61　板石台

图1-62　板石柱

图1-63　板石条（砂岩）

图1-64　砂岩浮雕

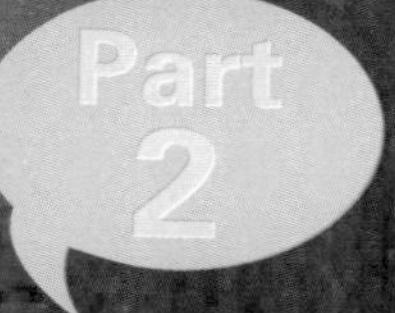

Part 2 石材成因揭秘

石材是一种具有一定装饰性能的岩石，与自然界其他类型的各类岩石一样，是地球亿万年地质作用形成及演化的结果，形成石材的地质作用主要有沉积作用、岩浆作用和变质作用，不同地质作用形成的石材在颜色、结构构造、物理化学性能等方面各有其特点。

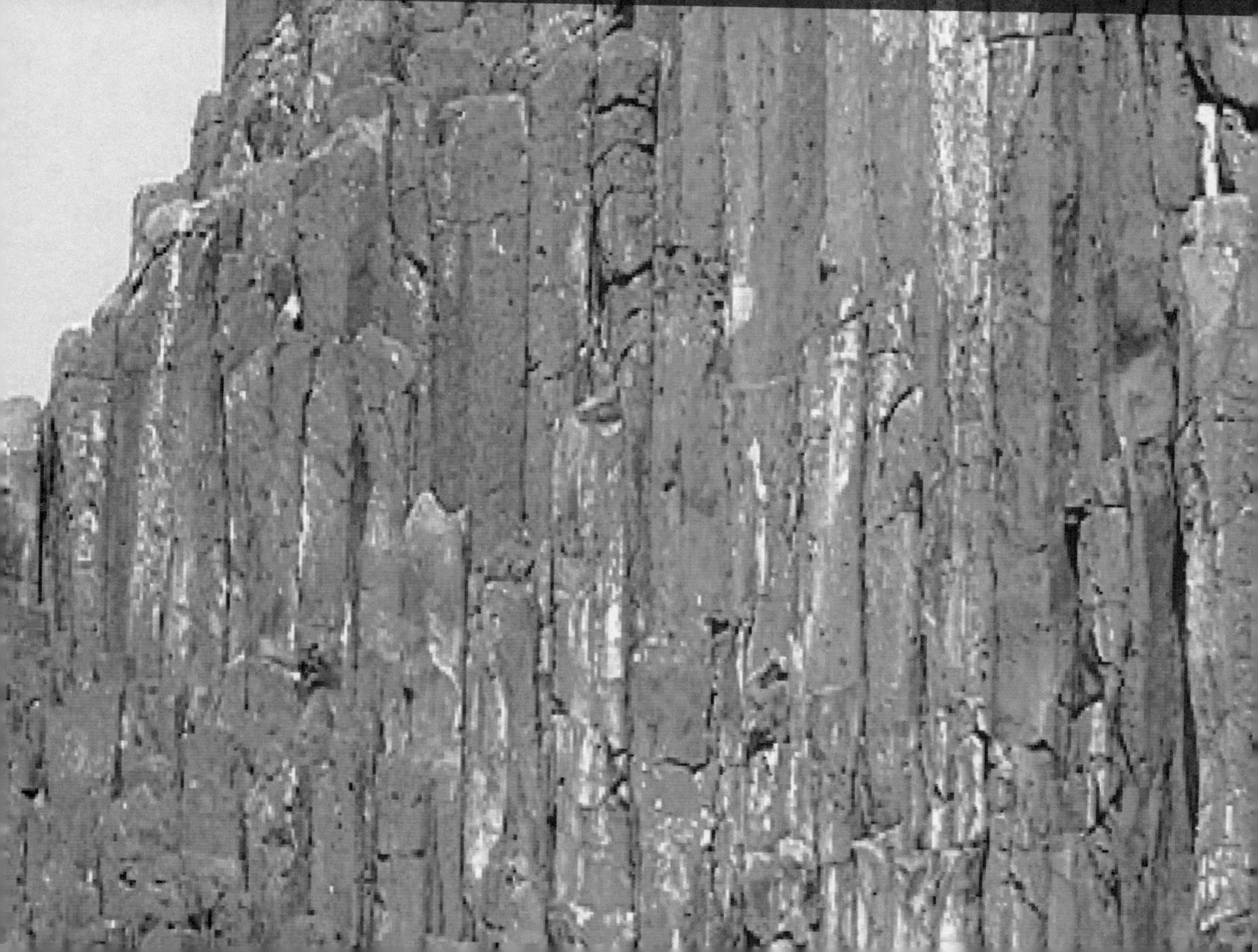

地质作用概述

人类赖以生存的地球，是太阳系中一颗普通的行星。历经了46亿年的演化发展，地壳形成了如今的千姿百态，既有高山海洋，也有盆地、丘陵及平原，这是地球不断运动、变化、发展的必然结果。地壳不是静止不变的，而是时刻承受着各种作用的影响。地质学中把产生这种作用的力量称为地质营力。地质营力导致地壳的物质成分、地壳构造和地表形态等发生变化，我们把这称之为地质作用。

产生地质营力的能源有两种。一种为地球内部的能力，称为内能，主要有地内热能、重力能、地球旋转能、化学能和结晶能等；另一种为地球外部的能量，称为外能，主要有太阳能、潮汐能和生物能等。由内能产生的地质营力为地质内营力，由外能产生的地质营力称为地质外营力。相应地，地质作用可分为两类：由地质内营力引起的地质作用称为内力地质作用；由地质外营力引起的地质作用称为外力地质作用。

根据内力地质作用和外力地质作用的性质、方式和结果的不同，将外力地质作用分为风化作用、剥蚀作用、搬运作用、沉积作用和成岩作用等5种类型；内力地质作用分为岩浆作用、地壳运动、变质作用和地震作用等4种类型。

与石材形成有关的地质作用主要为沉积作用、岩浆作用和变质作用。

地质作用与石材形成

一、沉积作用与石材形成

沉积作用是指被运动介质搬运的物质到达适宜的场所后，由于条件发生改变而发生沉淀、堆积的过程和形成岩石的作用。按沉积环境不同，它可分为大陆沉积和海洋沉积；按沉积作用方式又可分为机械沉积、化学沉积和生物沉积。

图2-1　机械沉积作用形成的沉积岩

机械沉积作用是指受风化作用影响产生的碎屑物质，经流水、风及冰川等介质进行搬运，在搬运过程中，因为介质物理条件的改变而发生沉积、堆积及成岩的过程。这种介质物理条件的改变，包括流速、风速的降低和冰川的消融等。机械沉积作用形成的岩石（图2-1）主要包括泥岩、页岩、粉砂岩、砂岩、砾岩等，其中页岩、粉砂岩和砂岩等岩石是板石类石材的来源。

——地学知识窗——

风化作用

风化作用是岩石受太阳辐射、水、气体和生物作用而发生的物理性状和化学成分发生变化的过程。

由风化作用产生的碎屑物质，在水介质中以胶体溶液和真溶液形式搬运，当物理、化学条件发生变化时，产生沉淀及成岩的过程称为化学沉积作用。形成的主要岩石类型有石灰岩、白云岩和泥灰岩等（图2-2）。其中灰岩、白云岩等是大理石石材的主要来源之一，而泥灰岩、薄层灰岩等则是板石石材的来源。

与生物生命活动及生物遗体紧密相关的沉积作用称为生物沉积作用。生物沉积作用可表现为生物遗体直接堆积，另外还表现为间接的方式，即在生物的生命活动过程中或生物遗体的分解过程中，引起介质的物理、化学环境发生变化，从而使某些物质沉淀或沉积。主要有生物碎屑灰岩（图2-3）、硅藻土等，其中生物碎屑灰岩是大理石石材的来源之一，可构成独特类型的石材。

图2-2　化学沉积作用形成的沉积岩

图2-3　生物沉积作用形成的沉积岩

二、岩浆作用与石材的形成

岩浆是地壳深处一种高温、成分复杂的硅酸盐熔融体。我们把地球内部形成岩浆以及岩浆在通过地幔或地壳上升到地表或近地表的途中发生各种变化的复杂过程称为岩浆作用，包括地壳深部（至上地幔顶部）高温熔融岩浆的发生、发展、演化直至冷凝固结成岩的整个地质作用过程。

岩浆作用的发源地的地质条件是：（1）地壳（包括洋壳）开裂处，即洋中脊大裂谷。这里因压力降低导致火山喷发；（2）板块俯冲消亡带，即海沟岛弧系。这里因板块剧烈摩擦，压力、温度升高，导致火山爆发。这种火山能量极高，如印度尼西亚群岛的火山爆发；（3）两个大陆板块相撞处也有岩浆活动，不过这里的地壳很厚（可达60千米左右），岩浆以侵入岩的形式冷却，很少有火山喷发。

地壳深处的岩浆具有很高的温度和压力，当地壳因构造运动出现断裂时，可引起地壳局部压力降低，岩浆向压力降低的方向运移，并占有一定的空间，或喷出地表。岩浆在地壳深部活动、演化直至冷凝成岩的过程称为侵入作用，喷出地表后冷凝成岩的过程称为喷出作用。岩浆作用的结果形成各种火成岩及其有关的矿产。故岩浆作用主要有两种方式：岩浆侵入活动→侵入岩；火山活动或喷出活动→喷出岩（火山岩）。

岩浆在上升、运移过程中发生重力分异作用、扩散作用，同围岩发生同化作用、混染作用，并随着温度的降低，发生结晶作用。在结晶过程中，由于物理、化学条件的改变，先析出的矿物与岩浆又发生反应产生新的矿物；温度继续降低，反应继续进行，形成有规律的一系列矿物，此过程称为“鲍温反应系列”。在此过程中，岩浆的成分随着岩浆作用的过程而时刻发生着变化。

岩浆主要由硅酸盐岩和一些挥发性物质组成。SiO_2是硅酸盐的主要成分，它与Al_2O_3、Fe_2O_3、FeO、MgO、CaO、Na_2O、K_2O等其他氧化物结合，组成各种不同的硅酸盐矿物。其中，SiO_2的含量是划分岩浆岩大类的主要因素。SiO_2含量高，酸性程度也随之升高。

——地学知识窗——

重力分异作用

重力分异作用是结晶分异作用的一种重要形式。即早期析出的矿物，因其比重大，向岩浆底部集中，而晚期析出的密度小的矿物，则集中在岩体的上部。

一般情况下，在划分岩浆岩类型时，岩石化学成分中的酸度和碱度是主要考虑因素之一。岩石的酸度，是指岩石中含有SiO_2的质量分数。根据酸度可以把岩浆岩分成4个大类：超基性岩（SiO_2 <45%）、基性岩（SiO_2 45%~53%）、中性岩（SiO_2 53%~66%）和酸性岩（SiO_2 >66%）。岩石的碱度即指岩石中碱的饱和程度。 A.Rittmann通过研究SiO_2和（Na_2O+K_2O）之间的关系，于1957年提出了确定岩石碱度比较常用的组合指数（σ）。σ值越大，岩石的碱性程度越强。每一大类岩石都可以根据碱度大小划分出钙碱性、碱性和过碱性岩3种类型。$\sigma<3.3$时，为钙碱性岩；$\sigma=3.3\sim9.0$时，

为碱性岩；σ>9时，为过碱性岩。

根据上述原则，首先把岩浆岩按酸度分成4大类，然后再按碱度把每大类岩石分出几个岩类，它们就是构成岩浆岩大家族的主要成员。比如超基性岩大类：钙碱性系列的岩石是橄榄岩—苦橄岩类（图2-4）；偏碱性的岩石是含金刚石的金伯利岩；过碱性岩石为霓霞岩—霞石岩类和碳酸岩类。基性岩大类：钙碱性系列的岩石是辉长岩—玄武岩类；相应的碱性岩类是碱性辉长岩和碱性玄武岩。中性岩大类：钙碱性系列为闪长岩—安山岩类；碱性系列为正长岩—粗面岩类；过碱性岩石为霞石正长岩—响岩类。酸性岩类：主要为钙碱性系列的花岗岩—流纹岩类。

岩浆在运移过程中，由于分异、同化混染等作用，不断地改变本身的物质成分，形成一系列成分、温度、黏度等不同的岩浆。岩浆类型不同，可形成不同岩浆岩类型和不同的石材类型。

（一）超基性岩浆作用及其成岩类型

在四大岩类中，超基性岩类的化学成分特征是酸度最低，SiO_2含量小于45%；碱度也很低，一般情况下（K_2O+Na_2O）不足1%；但铁、镁含量高，通常（$FeO+Fe_2O_3$）在8%~16%之间，MgO含量范围较广，在12%~46%之间。超基性岩类在地表分布很少，是四大岩类中最小的一个分支，仅占岩浆岩总面积的0.4%。岩体的规模也不大，常形成外观像透镜状、扁豆状的岩体，它们好像一串大小不同的珠子，沿着一定方向延伸，断断续续排列。

超基性岩多为黑色、暗绿色或黄绿色，半自形粒状结构、粒状镶嵌结构，块状构造。主要矿物成分是橄榄石和辉石，次要矿物有角闪石、黑云母等，偶见斜长石（<10%），不含石英。

图2-4　蛇纹石化橄榄岩

超基性岩一般分为4类：橄榄岩—苦橄岩类、金伯利岩、碳酸岩和霓霞石—霞石岩类。其中，苦橄岩为橄榄岩类相应喷出的岩石。橄榄石是划分岩石种属的主要依据。根据橄榄石含量，主要岩石种属有纯橄榄岩、橄榄岩和辉石岩等。

（二）基性岩浆作用及其成岩类型

基性岩类的化学成分的特征是SiO_2含量为45%~53%，Al_2O_3可达15%，CaO可达10%；而铁、镁含量各占6%左右。在矿物成分上，铁镁矿物约占40%，而且以辉石为主，其次是橄榄石、角闪石和黑云母。基性岩和超基性岩的另一个区别是出现了大量斜长石。岩石颜色比超基性岩浅，比重也稍小，一般在3 kg/cm^{3}左右。侵入岩很致密，喷出岩常具有气孔状和杏仁状构造。

图2-5　辉长岩

图2-6　玄武岩

基性侵入岩为辉长岩类，喷出岩为玄武岩类。矿物成分主要由基性斜长石和辉石组成，不含或少含石英和钾长石。和超基性岩相比，基性岩含相当数量的斜长石，多呈黑色，是黑色花岗石重要的岩石类型，色纯正，岩石种属主要是辉长岩（图2-5）、辉绿岩，次为玄武岩（图2-6）。

（三）中性岩浆作用及其成岩类型

中性岩类的化学成分特征是SiO_2为53%~65%，铁、镁、钙比基性岩低，含$Al_2O_3$16%~17%，比基性岩略高，而（Na_2O+K_2O）可达5%，比基性岩明显增多。岩石颜色较浅，多呈浅灰色，比重比基性岩要小。

本类岩石中，钙碱性岩石中闪长岩（图2-7）为侵入岩，安山岩（图2-8）为喷为岩。岩石通常为灰色、灰白色、灰绿色、绿色或肉红色，多为半自形粒状结构，等粒、不等粒或似斑状、斑状结构，块状构造。主要矿物成分为中性斜长石，一种或几种暗色矿物。常见的暗色矿物是角闪石，其次是辉石和黑云母。无石英或石英含量<20%，钾长石含量较少。闪长岩的稳定性高，抗风化能力强，抗压强度也大，因而是良好的建筑材料。主要岩石类型为石英闪长岩、花岗闪长岩等。

本类岩石中，碱性系列为正长岩—粗面岩类；过碱性岩石为霞石正长岩—响岩类。正长岩类矿物成分主要为正长石，斜长石不多，无石英或含量<20%，暗色矿物主要是角闪石。矿石的颜色一般为灰白色、灰色、浅玫瑰色和肉红色、灰绿色。矿石的结构多为半自形粒状结构，中至粗粒、等粒、不等粒，甚或斑状、似斑状结构，块状构造。主要的岩石种属有正长岩、石英正长岩、二长岩和正长斑岩等，是构成白色花岗石石材的主要岩石类型。霞石岩类矿物成分中的碱性长石多是含钠的种属和无色或褐红色的霞石（图2-9），石材品种较少。

图2-7　闪长岩

图2-8　安山岩

图2-9　霞石正长岩

（四）酸性岩浆作用及其成岩类型

酸性岩类岩石的SiO_2含量最高，一般超过66%，（K_2O+Na_2O）平均在6%~8%之间，铁、钙含量不高。矿物成分的特点是浅色矿物大量出现，主要是石英、碱性长石和酸性斜长石。暗色矿物含量很少，大约只占10%。岩石中以人们熟悉的花岗岩类出露最多，是在大陆地壳中分布最广的一类深成岩，常形成巨大的岩体。

本类岩石侵入岩为花岗岩（图2-10），喷出岩为流纹岩（图2-11）。颜色多为肉红色、灰红色、浅粉红色和灰、灰白色。主要矿物成分是长石和石英。长石中以碱性长石为主，次为酸性斜长石。暗色矿物有黑云母、角闪石和辉石等，而以黑云母最常见。角闪石比较少见，辉石主要出现在碱性花岗岩中。常见半自形粒状结构，块状构造，次为斑状、似斑状结构，有时为斑杂状结构、似片麻状构造和环斑状构造。该类岩石中的侵入岩是红色花岗石石材的主要类型之一，喷出岩类石材类型较少，如四川喜德红等。

图2-10 花岗岩

图2-11 流纹岩

三、变质作用与石材的形成

在地壳的形成发展过程中，早先形成的岩石，包括岩浆岩、沉积岩和先形成的变质岩，为了适应新的地质环境和物理、化学条件的变化，在固态情况下发生矿物成分、结构构造的重新组合，甚至包括化学成分的改变，这个变化过程称为变质作用。

根据变质岩系产出的地质位置、规模和变质相系，把变质作用分为局部性和区域性两类。

（一）局部性变质作用

1. 接触变质作用

一般是在侵入体与围岩的接触带，由岩浆活动引起的一种变质作用。通常发生在侵入体周围几米至几千米的范围内，常形成接触变质晕圈。一般形成于地壳浅部的低压、高温条件下，近接触带温度较高，向外温度逐渐降低。接触变质作用可分为两个亚类。

（1）热接触变质作用：指岩石主要受岩浆侵入时高温热流影响而产生的一种变质作用。围岩受变质作用后主要发生重结晶和变质结晶，原有组分重新改组为新的矿物组合并产生角岩结构及重结晶结构，而化学成分无显著改变，形成角岩、大理岩（图2-12）等岩石及相应的石材类型。

（2）接触交代变质作用：在侵入体与围岩的接触带，围岩除受到热流的影响外，还受到具化学活动性的流体和挥发分的作用，发生不同程度的交代置换，原岩的化学成分、矿物成分、结构构造都发生明显改变，形成各种矽卡岩和其他蚀变岩石。可形成部分矽卡岩型大理石石材（图2-13）。

图2-12　热接触变质大理岩

图2-13　接触交代变质大理岩

2. 高热变质作用

指与火山岩和次火山岩接触的围岩或捕虏体中发生的小规模高温变质作用。其特点是温度很高，压力较低和作用时间较短。围岩和捕虏体被烘烤褪色、脱水，甚至局部熔化，出现少量玻璃质。

3. 动力变质作用

指与断裂构造及韧性变形有关的变质作用的总称，它们以应力为主，有的伴有大小不等的热流，主要可分为两个亚类。

（1）碎裂变质作用：当岩层和岩石遭受应力作用而错动时发生压碎或磨碎的一种变质作用，也有人称为动力变质作用、断错变质作用或机械变质作用。一般常发生于低温条件下，重结晶作用不明显，常呈带状分布，往往与浅部的脆性断裂有关。可形成部分独具特点的石材类型，如蛇纹石化碎裂大理岩（图2–14）。

（2）韧性剪切带变质作用：韧性剪切带是指由韧性剪切作用造成强烈变形的线状地带，可以有很大的宽度和长度。导致剪切带变质作用的主要原因有两个，一是流体的注入；其次是由剪切应变引起的等温面变形和热松弛作用。可形成石材中具有特点的线状构造（图2–15）。

图2–14　蛇纹石化碎裂大理岩

图2–15　韧性剪切作用形成的条带

4. 气液变质作用

指具有一定化学活动性的气体和热液与固体岩石进行交代反应，使岩石的矿物和化学成分发生改变的变质作用。气水热液可以是侵入体带来的挥发分，也可以是受热流影响而变热的地下循环水以及两者的混合物。可形成部分独具特点的石材类型。

（二）区域性变质作用

它是由区域性的构造运动和岩浆活动引起的一种大面积的变质作用，它们的主要特征是呈面型分布，出露面积从几百至几千平方千米，影响范围可达几千至几万平方千米，形成深度可达20千米以上。

区域变质岩由于受温度影响，重结晶作用显著；又因受到强大定向压力的作用，具有明显的片理构造；受流体活动影响，岩石的化学成分和矿物成分也有很大变化。

区域变质作用按压力类型分为低、中、高3个类型，具有一定的温度—压力梯度，并与一定的地质环境有密切关系。主要类型有：

1. 埋深变质作用

包括浊沸石相、葡萄石—绿纤石

相型（浅到中等深度型）和蓝闪石—硬柱石片岩相型（高压相系型）两个基础类型，可形成板岩（图2-16）等石材类型。

2. 区域低温动力变质作用

包括低绿片岩相（千枚岩）型和绿片岩相（有时可出现蓝闪绿片岩相）型两个基础类型，可形成千枚岩（图2-17）、变粒岩等板岩石材类型。

3. 区域中高温变质作用

包括麻粒岩相型和角闪岩相型两个基础类型。辅助类型包括盖层变质作用和断陷变质作用。可形成片麻岩（图2-18）等花岗石石材类型等。

图2-16　板岩

图2-17　千枚岩

图2-18　片麻岩

Part 3 世界石材概览

世界石材资源丰富，分布范围广泛，亚洲、欧洲、南北美洲及非洲等许多国家和地区均有产出。从使用石材类型看，以花岗石和大理石为主，两者均具有悠久的开发历史，在古今中外的著名建筑中，起着无可替代的装饰作用，增添了建筑的无穷魅力。其中的一些著名石材品种，或高贵典雅，或色彩绚丽，或古朴大方，为人们所欣赏、赞叹。

世界石材的分布概况

世界石材资源丰富，按照石材矿床保有资源量及开采情况统计，花岗石矿床主要分布及生产国家有中国、印度、巴西、俄罗斯、南非、西班牙、法国、伊朗、芬兰、挪威、美国、埃及、葡萄牙及德国等；大理石矿床主要分布及生产国家有意大利、中国、西班牙、葡萄牙、希腊、土耳其、菲律宾、法国、埃及、美国、印度、奥地利、俄罗斯、印度尼西亚及伊朗等；板石的主要生产国有中国、西班牙、葡萄牙等。

一、意大利

意大利素有“石材王国”之称，不论其产量、进出口额都曾长期居世界首位，尤其是20世纪，更是意大利天然石材工业的世纪。石材工业是意大利国民收入和外汇来源的主要组成部分。100多年来，意大利一直垄断着天然石材国际贸易，无论在哪里见到石材产品，上面的印记都是“Made in Italy”（意大利制造）。其产品的质量和相关的石材开采加工设备也属世界一流。意大利天然石材产品已成为一种人人皆知的大众产品。

意大利大理石资源丰富、质地优良、分布广泛，开采历史悠久，开采加工技术先进，是世界上最有实力的大理石资源国和生产国，其“卡拉拉白”大理石（图3-1）为世界著名的优良大理石品种。

意大利石材生产矿山星罗棋布，特别是以卡拉拉为中心的西海岸和以维罗纳为中心的阿尔卑斯山东段最为有名。前者主要产白、灰色优质大理石；后者产深绿

图3-1　意大利“卡拉拉白”大理石

色、红色和米色大理石。

意大利主要大型石材矿床有：

马乔列湖花岗岩矿床，位于奥尔塔湖附近，产白色花岗石。

伦巴第大理石矿床，位于波河平原附近，阿尔卑斯山前的伦巴第斜坡上。大理石呈淡米黄色，纹理较深，易于加工。

亚历西那和里本大理石矿床，分布在维尼托东部，这些石灰岩岩层呈淡灰色和深蓝色且分布有化石碎块。

二、希腊

希腊是欧洲文明发祥地，也是世界四大文明古国之一。当我们流连在举世闻名的雅典卫城山冈之上，惊羡于巴特农神庙的宏伟壮观、气势磅礴的时候；当我们徜徉在巴黎罗浮宫，感叹于维纳斯和胜利女神耐克的楚楚动人、栩栩如生的时候，我们不禁要感谢造物主给予希腊的神赐之物——大理石。正是大理石使这些代表着古希腊建筑艺术顶峰的精美作品得以不朽，正是大理石使一个个神话人物从天上来到凡间，使我们真切感受到古希腊文明的辉煌灿烂和无穷魅力。图3-2是希腊“爵士白”大理石。

希腊是一个名副其实建立在大理石上的国家，其国名Hellas（中文音译名“希腊”）在古希腊文里的意思就是“闪光的石头”。在这儿，无论是高山大陆还是丘陵岛屿，无不蕴藏着各种品质的大理石，其蕴藏量及种类为世界第一。

早在大约3000年前，希腊人已开始将大理石作为主要的建筑材料来使用，并达到了很高的艺术水平。雅典的巴特农神庙，以及众神之神宙斯庙、海神波塞冬庙、德尔菲阿波罗太阳神殿等伟大建筑之所以能够历经2000多年的风雨沧桑，都得益于希腊大理石坚韧耐久的品质和古希腊人高超的智慧和建筑艺术造诣。

现代希腊大理石业开始于21世纪30年代，并在近几十年获得了飞速发展。经过多年的勘探和开发，希腊已形成了6个主要的大理石生产区域：

1. 德拉玛（Drama）—卡瓦拉（Kavala）—索斯（Thassos）

位于希腊东北部，以生产白色、灰白色大理石为主。这里有一些闻名欧洲的

图3-2 希腊“爵士白”大理石

大理石生产企业，企业年生产和加工能力都在1万m^3以上。这个地区的大理石产量约占全希腊大理石总产量的40%。

2. 科撒尼（Kozani）—拜尼亚（Veria）

位于希腊中北部，生产白色、灰白色、有色大理石，年生产能力为3.5万m^3左右。

3. 伊奥尼那（Ioannina）

位于希腊西北部，这里生产的大理石主要用于本国国内建筑业，年生产能力大约7万m^3。

4. 拉利萨（Larrisa）—沃洛斯（Volos）

位于希腊中部，主要生产白色、灰白、黑色、玫瑰色大理石。

5. 阿提卡（Attica）

位于希腊首都雅典周围地区，是希腊历史最悠久和最重要的大理石生产地区，大量的大理石切割、加工企业都集中在这个地区。

6. 阿戈尼斯（Argolis）

位于伯罗奔尼撒半岛，是新兴的大理石生产地区，主要生产米色、棕色和红色大理石，年生产量为6万m^3左右。

三、葡萄牙

葡萄牙的天然石材在世界石材市场上也占有非常重要的地位，产量和出口量位居世界第5位。在欧洲，葡萄牙是紧随意大利和西班牙之后的第3大石材生产和出口国，其中大理石出口位居世界第2位。

葡萄牙的石材资源主要有大理石、花岗石、石灰石和片岩。大理石主要分布在与首都里斯本几乎同一纬度的西部边境地区，品种有葡萄牙米黄（图3-3）、黄金砂、枫丹白露等，这个地区也有不少的花岗石储量，但是花岗石主要集中地还是

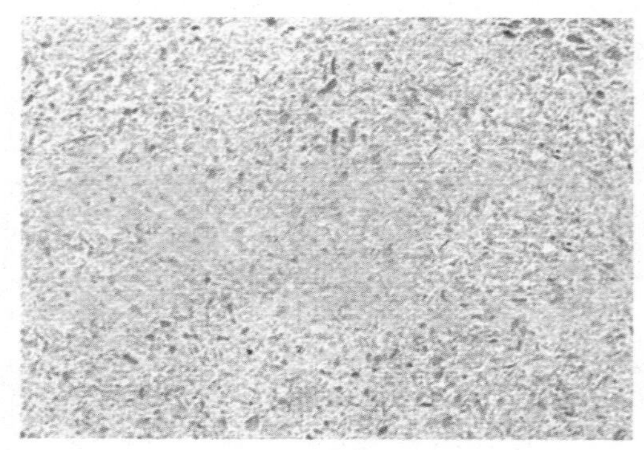

图3-3 葡萄牙米黄

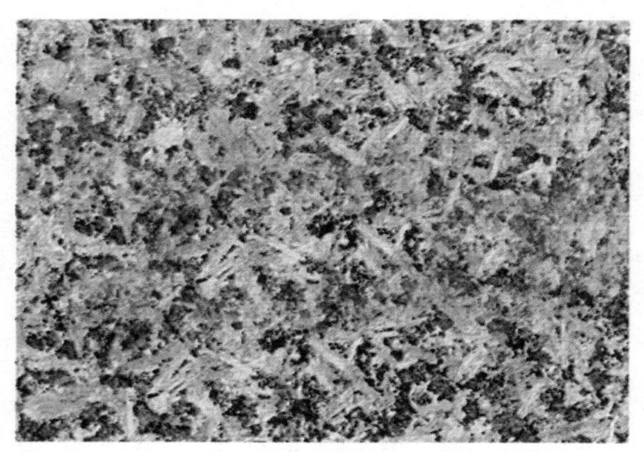

图3-4 树挂冰花

葡萄牙的北部地区，品种有世纪冰花、树挂冰花（图3–4）等。

葡萄牙石材在国际市场上的竞争力，固然得益于其石材本身的品质、品种和花色，但是更多的是得益于石材从开采到后期设计和加工这个过程中对质量的严格控制。

四、西班牙

西班牙石材品种分4类：花岗石、大理石（*包括石灰石、砂石*）、青板石及其他石材。

1. 花岗石

花岗石主要分布在西班牙最西北部的加利西亚大区的庞特韦德拉省；第二产区是马德里；再次就是埃斯特雷马杜拉大区。大理石（*石灰石、砂石*）主要分布在阿里坎特、阿莱利亚和穆尔西亚。西班牙最著名的石材（*大理石*）就是棕色系的石灰石（*大理石*），无论是作为浅咖啡色设计的补充还是用作整体设计，其需求量都很大。

2. 大理石

（1）贝塞尔潘安特大理石（图3–5）：这种大理石由纳伊萨公司开采，其矿藏位于穆尔西亚州的布略斯。该采石场自1958年开始运转，其产量为每月1 200 m^3。无论使用在内墙或外墙，均受到欢迎。这种大理石的表面图案非常均匀，其成品通常是光板和亚光板。

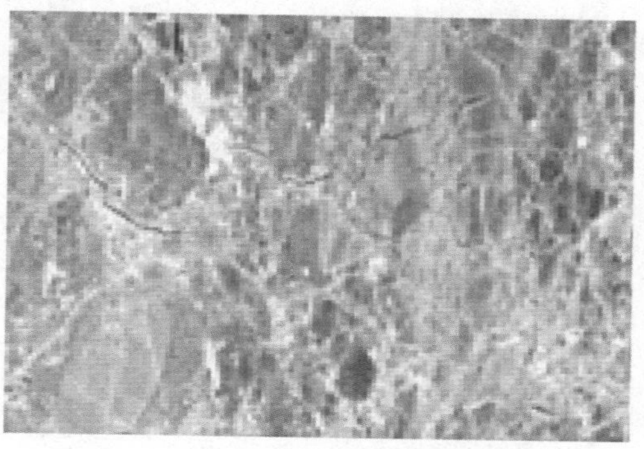

图3–5　贝塞尔潘安特大理石

（2）帝皇大理石（图3–6）：在西班牙最有名的棕色石材中，该大理石的名字与皇帝或帝国相联系，有其令人惊奇的故事。该采石场的年产量约为7 500 m^3。由于条件有限，该采石场每月只能生产8万m^2的大板，但它向其他公司出售荒料。这种材料多用于内、外装饰，已知的使用这种石料的工程有拉斯

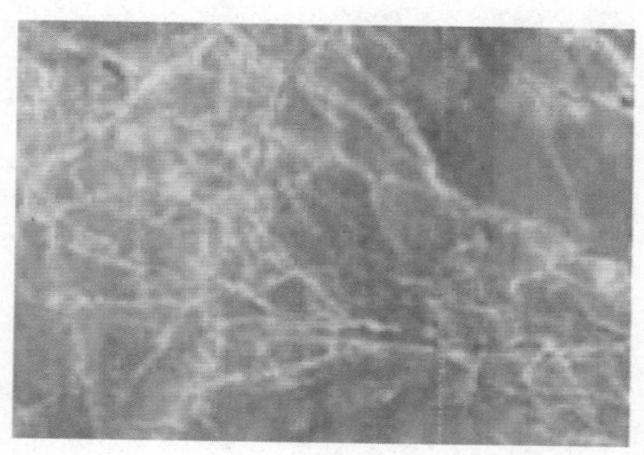

图3–6　帝皇大理石

维加斯的米拉赫旅馆、伦敦著名的哈罗茨商业中心和迈阿密的空港旅馆等。在美国、日本、韩国、中国、加拿大、中东等国家和地区都很受欢迎。

3. 青板石

青板石主要分布在加利西亚、斯特雷马杜拉大区和安达卢西亚大区的韦尔瓦省。主要用于铺路、建房，一般就近开采、就地取材。

4. 砂岩

西班牙也是世界著名的砂岩生产地，其砂岩的生产和应用有着悠久的历史，同时，由于其砂岩出色稳定的性质和独特的花色纹理，享有很高的国际知名度。西班牙砂岩还与中国砂岩、澳大利亚砂岩（澳洲砂岩）、印度砂岩并称为世界四大砂岩。其品种有红砂岩、黄砂岩（图3-7）、灰砂岩（图3-8）、绿砂岩以及米黄砂岩、黄纹砂岩等。

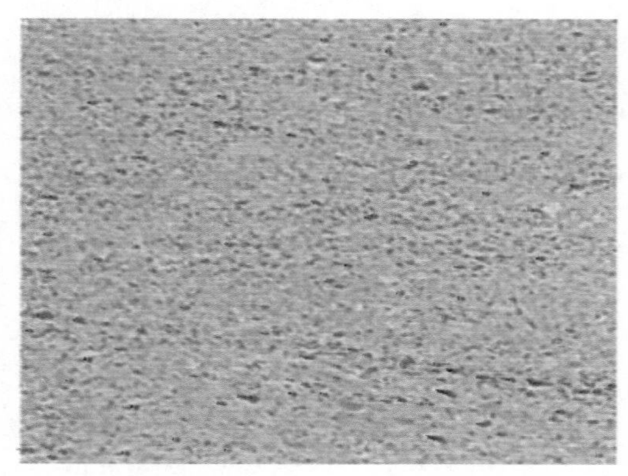

图3-7 黄砂岩

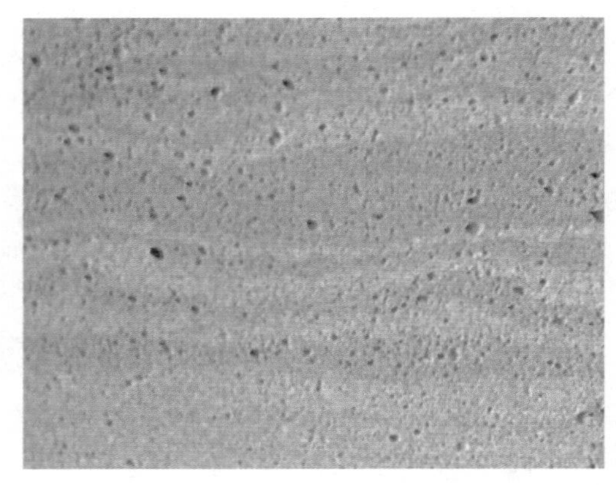

图3-8 灰砂岩

五、美国

美国有着丰富的天然石材资源，且不乏名品，如美国白麻（图3-9）、沙利士红等。

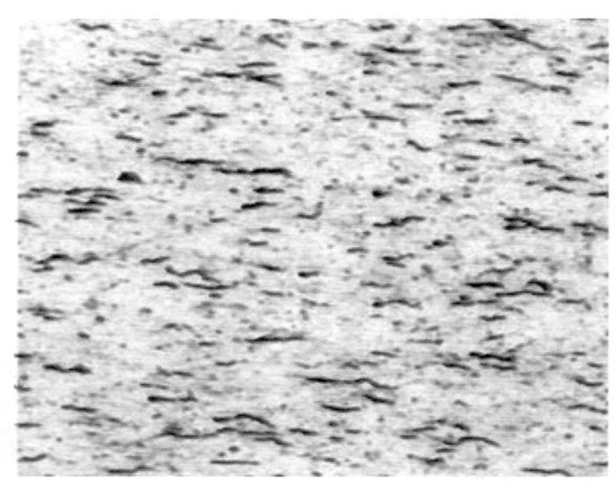

图3-9 美国白麻

美国主要的石材生产地区（州）是：威斯康星州、印第安纳州、乔治亚州、佛蒙特州和马萨诸塞州（按产量和产值高低排序）。这5个州大约占了美国国内总产量的59%和总产值的50%。

按重量来算，整体的石材销售情况是：35%石灰石、32%花岗石、11%其他石材、12%砂石、3%大理石、1%板石。

按销售产值来算，其销售情况为：38%花岗石、34%石灰石、11%其他石材、8%砂石、5%大理石和4%的板石。

六、巴西

巴西是世界上大理石、花岗石地质储量最大的国家之一，主要分布在东北部的圣灵州和巴伊亚州。目前，巴西境内发现的大理石有上百种，花岗石有300多种。

巴西花岗石的颜色品种很多，主要有翡翠绿、朱红和黄色3种，在世界市场上颇有竞争力，很出名的黄色花岗石就产在巴西。在巴西南部开采的“海洋蓝”花岗石（Azul bahla，图3-10），是巴西独有，在国际市场卖价高达1 000美元/m^3以上。在圣灵州出产的“圣灵黄”、金黄和乳绿色花岗石，在世界上也很出名，很有潜力。在巴伊亚州开采的花岗石，在商界以“灰玫瑰”闻名。

图3-10　海洋蓝花岗石

巴西石材开采加工主要集中在圣灵州，大都为中小企业，是世界第三大切割集中地。据巴西官方统计，仅是该州的石材产量的增加就可以使巴西整个国家的石材出口量增加近一半。

巴西是大理石、花岗石的生产、出口大国，目前，巴西石材约占世界石材市场的10%。

七、印度

印度花岗石和大理石资源丰富，其中花岗石有黑金沙、印度红等著名品种，大理石有印度大花绿和挪威彩玉等品种。

1. 花岗石

（1）黑金沙

黑金沙矿山位于印度南部安得拉邦的翁戈尔市附近，距金奈市约300 km。矿山位于该地区的平地上，方圆约10 km^2，分布着30多个矿山，平地露天开采，矿点分布范围相当集中。黑金沙主要为黑底，材质中含有古铜辉石，磨光后出现金点。根据颜色、金点等不同，又分为深黑、淡黑、大金点、中金点、小金点等。该品种相对稳定，同一矿山，其颜色、金点、花纹等略有变化。

（2）印度红

印度红矿山位于印度南部卡纳塔克邦的伊尔卡尔附近，距班加罗尔约500 km。矿山位置一般位于该地区平地上，方圆约10 km²，分布着10多个矿山，平地露天开采，矿点分布范围相当集中。印度红是红底带花结构（图3-11），没有纹路。根据颜色、晶体等不同又分为深红、淡红、大花、中花、小花等。该品种相对稳定，同一矿山，其颜色、晶体、花纹等略有变化。

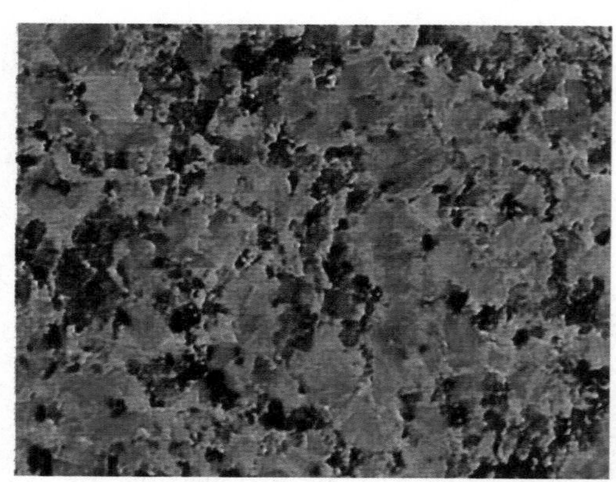

图3-11　印度红

（3）英国棕

英国棕矿山位于印度南部安得拉邦的卡里姆纳加尔附近，矿山在山上，方圆约5 km²，大约有10个矿山。山坡或平地露天开采，矿点分布范围相对集中。英国棕主要是褐底红色胆状结构，根据颜色不同又分为深红、淡红、大花、小花等。

（4）金丝缎

金丝缎矿山位于印度南部泰米尔纳德邦的马杜赖市，距该市中心约25 km的东南方向，露天地下开采，总共有6～7个矿，矿点位置相对集中。金丝缎是细颗粒结构，金黄底色带灰色、黑色、红色及白色条纹，部分有带红底。金丝缎的颜色变化较大。

（5）紫彩麻

紫彩麻矿山位于印度南部泰米尔纳德邦的克里斯赫纳吉里，距金奈约300 km，距班加罗尔约100 km。矿山位置一般位于该地区的山上，方圆约40 km²，分布着10多个矿山，山坡露天开采，矿点分布范围相当广泛。紫彩麻主要是紫色底，黑色纹状结构（图3-12），根据颜

图3-12　紫彩麻

色、花纹等不同又分为深紫、淡紫、大花纹、小花纹等。不过紫彩麻不太稳定，就算是同一座矿山的紫彩麻，它们的颜色、晶体、花纹等也不尽相同。

（6）幻彩红

幻彩红矿山位于印度南部卡纳塔克邦的钱纳帕特纳附近，距班加罗尔约90 km。矿山位置一般位于该地区的山上，方圆约60 km^2，分布着50多个矿山。山坡露天开采，矿点分布范围相当广泛。幻彩红主要是红底带黑色纹路，颗粒较小，按颜色、晶体等不同又分为深红、淡红、精晶、细晶、大花纹、小花纹等。

幻彩红的材质不太稳定，同一矿山的幻彩颜色、晶体、花纹等均有变化。其中以红底小花的幻彩最受消费者的喜爱，但是这种花色的幻彩红荒料很少。

（7）绅士啡

绅士啡矿山位于印度南部泰米尔纳德邦的克里斯赫纳吉里，距金柰约300 km，距班加罗尔约100 km。矿山位置一般位于该地区的山上，距紫彩麻矿山很近。山坡露天开采。绅士啡主要是咖啡底色的，呈椭圆形胆状结构并嵌有白点。

绅士啡材质较稳定，只是在颜色、晶体、花纹上等略有变化。绅士啡主要有颜色深浅、大花与小花等不同。

2. 大理石

印度的优质大理石矿产主要集中在印度的拉贾斯坦邦、古吉拉特邦、中央邦、哈里亚纳邦和安得拉邦。随着经济的发展，在比哈尔邦、查谟—克什米尔邦、马哈拉施特拉邦、锡金邦、北方邦和西孟加拉邦也开发了许多新的大理石品种。

（1）印度大花绿

印度大花绿矿山位于印度北部拉贾斯坦邦的乌代布尔附近，距乌代布尔约60 km。矿山位于该地区的山上，方圆约20 km^2，分布着10多个矿山。开采方式为山坡露天开采，矿点分布范围相对集中。印度大花绿（图3–13）是细颗粒，绿底乱花纹路，呈小花、大花、细纹、粗纹、斑纹等图案。

图3–13　印度大花绿

（2）挪威彩玉

挪威彩玉矿山位于印度北部拉贾斯坦邦的乌代布尔附近，距乌代布尔约60 km。矿山位置位于该地区的山上，仅有2个矿山。山坡露天开采，矿点分布范围相对集中。挪威彩玉（图3-14）主要为白底红色或绿色条纹状结构，其得名是由于花纹颜色接近于“挪威红”。

挪威彩玉的红色和白色部分有透光性，呈半透明状。挪威彩玉的材质很不稳定，同一矿山的石材，其花纹变化非常大。

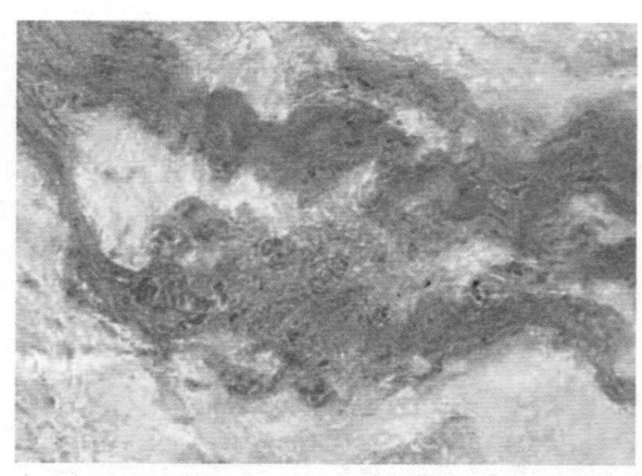

图3-14　挪威彩玉

八、土耳其

土耳其的天然石材资源十分丰富，在阿尔卑斯山地区，大理石储量达到35亿m^3，约占全球天然石材储量的1/3。

土耳其大理石生产历史悠久，大理石已成为土耳其越来越重要的出口产品，有280多种属天然石材品种，著名品种有白玉兰、深啡网、洞石（图3-15）等。

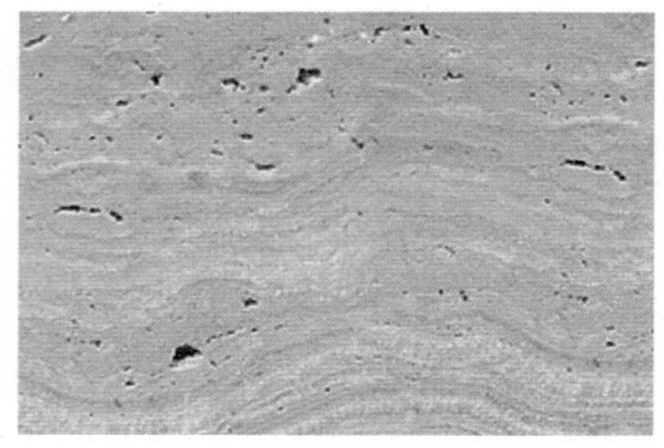

图3-15　米黄洞石

土耳其最大的大理石产地在迪亚巴克尔地区，大理石品种质量优良、储量巨大，生产的大理石有桃红、珍珠光泽、珊瑚色、黑珍珠色和樱桃色多种，在国际市场上十分抢手。

其中洞石是土耳其富有特色的石材之一，是因为石材的表面有许多孔洞而得名，其石材的学名是凝灰石或石灰华。人类对该石材的使用有着久远的历史，最能代表罗马文化的建筑——角斗场就是使用洞石的杰作。

此外，像土耳其灰、土耳其白砂石、土耳其玫瑰等石材种类亦是其著名石材之一。

九、伊朗

伊朗每个省都有丰富的花岗石和大理石，北部有大理石及其洞石，南部有丰富的花岗石品种，中部大理石中的洞石资源较多，花岗石资源较少。

伊朗目前已经查明的石材储量约为270亿t，大约3 800个矿山分布在全国各地。目前已开采的品种有56种，年开采量约为1.5亿t，开采量仅占总储量的0.55%，预测可开采180年左右。

伊朗的石灰华具有很低的含水量，有很好的耐潮湿、耐寒和耐热性能。而伊朗产的缟玛瑙则更为特殊。当人们想要把房间装饰得富丽堂皇时，首选的就应该是伊朗的缟玛瑙。另外，这种缟玛瑙也可与大理石组合起来，形成表现力非常强烈的装饰石材。

在伊朗有5 000多个石材加工厂，伊朗石材资源在国际上具有相当雄厚的实力。

十、埃及

埃及境内分布着丰富的建筑石材资源，主要分布在埃及东部和北部，主要产地有苏伊士省的格鲁德山脉、杰拉里山脉、西奈半岛的阿利什地区、安弥利亚省的山区和开罗附近的喀特米亚山区。这些地区的石材产量占埃及全国供应量的85%以上。

埃及石材主要可以分为以下3个类型：

大理石：主要分布在阿斯旺东南、东部沙漠地区和红海沿岸，所产大理石颜色深浅不一，花纹成糖状结构，畅销国内外市场。

石灰石：埃及石灰石主要分布在明尼亚、扎法拉纳等地以及西奈半岛北部地区，其颜色变化取决于含铁、碳等元素的多少。

雪花石：主要分布在贝尼省东部地区，其独特的白黄相间的颜色具有特殊的审美效果，适合小块开发，用于制作手工饰品。

埃及大理石、花岗石的花色品种依产地不同而有所不同，目前至少有25个类型。西奈半岛的大理石以浅棕色为主，安弥利亚山区的大理石以金黄色为主，喀特米亚山区的大理石多为浅黄色，而苏伊士省的大理石以奶黄色居多。其中，苏伊士省出产的奶黄色大理石质量最好，俗称“埃及黄”（图3-16）。

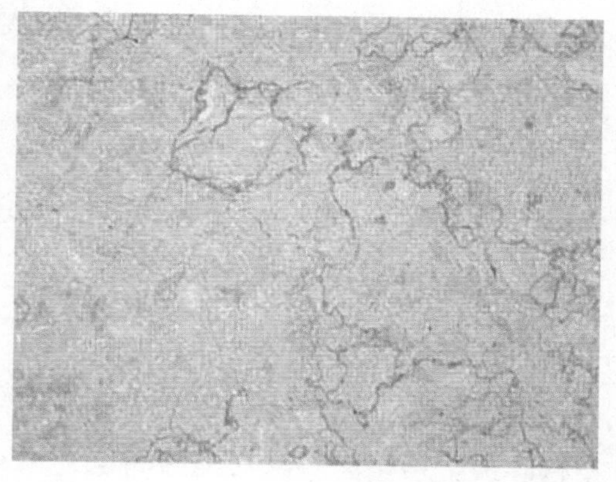

图3-16　埃及黄

埃及石材加工区包括开罗、亚历山大、苏伊士和伊斯梅利亚等地区。开罗是最大的石材加工区，主要集中在马迦塔姆扎法拉纳山脚下，大约有4 000 m²。全国石材经营厂家约有300家，有4 000多个加工车间，其中20%的厂家既拥有矿山，又有自己的销售公司，控制了接近半数的石材市场。

埃及南部盛产的花岗石——阿斯旺红储量巨大、应用历史悠久，中东地区现存的古希腊、古罗马时期的神庙等建筑大量使用阿斯旺红花岗石作为实心圆柱，高达十余米；埃及胡夫金字塔外包面采用阿斯旺红色大理石巨型块石垒砌，主体使用埃及金字塔附近的石灰岩，它记录着5 000多年前人类对花岗石、大理石的开采历史和应用历史。

世界著名石材品种

2009年，《东方石材商讯》杂志发布了十大最畅销进口花岗石、进口大理石品牌，本书以此为依据，将上述石材作为世界著名的石材品种代表进行评价。

一、花岗石

1. 黄金钻——沙特阿拉伯

黄金钻花岗石（图3-17）结构均匀，质地坚硬，颜色美观，是优质的建筑石料。黄金钻花岗石以其美丽的花纹和得天独厚的物理特性成为上好的建筑材料，给人带来高档的感官体验。黄金钻花岗石不易风化，外观色泽可保持百年以上。由于其硬度高、耐磨损，除了用作

图3-17　黄金钻花岗石

高级建筑装饰工程、大厅地面外，还是露天雕刻的首选之材。各类公用、商住两用和别墅等建筑无不以黄金钻花岗石板装饰来提高档次。

黄金钻花岗石比较稀缺，能出产品质量比较高的黄金钻花岗石板的地方不多。进口的黄金钻主要产地是沙特阿拉伯。由于黄金钻的矿产资源日益减少，当地政府打算将其当作稀缺资源来进行储备，故沙特供给市场的黄金钻花岗石数量有所控制，而且价格相当昂贵，其物性特征见表3–2。

表3–2　黄金钻花岗石物性特征

规格（mm）	可定	密度（kg/cm³）	2.97～3.07
抗压强度（MPa）	250～260	抗弯强度（MPa）	13～15
吸水率		莫氏硬度	
适用范围	外墙、内墙、地面、其他	光泽度（GU）	75～90
硬度	90	杂质	无

2. 黑金沙——印度

黑金沙花岗石（图3–18）属于辉长岩，其中的金沙是古铜辉石，它以其特殊的金属光泽而出名。黑金沙有大、中、小砂之分，有厚薄之分。

黑金沙花岗石呈粒状结构，或似斑状结构，其颗粒均匀细密，间隙小，吸水率不高，有良好的抗冻性能。其硬度高，摩氏硬度在6左右。压缩强度和抗弯曲强度高，其物性特征见表3–3。

图3–18　黑金沙花岗石

表3–3　黑金沙花岗石物性特征

规格（mm）	可定	密度（kg/cm³）	2.63～2.75
抗压强度（MPa）	100～300	抗弯强度（MPa）	10～30
吸水率（%）	0.15～0.46	莫氏硬度	6
适用范围	外墙、地面、内墙、其他	光泽度（GU）	/
硬度	/	杂质	无

黑金沙花岗石可以让建筑工程更上一个档次。它有无与伦比的耐久性优势，细粒结构黑金沙花岗石更具特别耐磨损和抗腐蚀性，满足延长建筑工程寿命的需求。无论是做成石板、地砖，还是做成厨房、吧台台面，其效果都引人注目，而且对比透光玉石和人造石有独特的价格优势。过门石常用的石材就是黑金沙。

“黑金沙”采石场位于印度安德拉的普拉德萨邦地区，距印度东南部的港市马德拉斯350 km。在方圆$1.62\times10^6m^2$的范围里，有40个采石场，每个采石场的面积$8094m^2\sim8.09\times10^4m^2$，而且机械化程度相当高。几乎在所有采石场中，优质矿区都非常有限，从而使花岗岩的开采成本大大增加，所以它是世界上最昂贵的花岗石之一。

黑金沙花岗石荒料块石的主要出口港为马德拉斯，将近85%的石材从这里源源不断地运往世界各地。

3. 英国棕——印度

英国棕花岗石（图3-19）产自印度，其花纹均匀，色泽稳定，光度较好，但硬度高，不易加工，且断裂后胶补效果不好。该品种主要为褐底红色胆状结构，根据颜色不同又分为深红、淡红、大花、小花等。

英国棕花岗石结构均匀，质地坚硬，颜色美观，是优质的建筑石料，其物性特征见表3-4。岩石不易风化，外观色泽可保持百年以上。由于其硬度高、耐磨损，除了用作高级建筑装饰工程、大厅地面外，还是露天雕刻的选材之一。

图3-19　印度“英国棕”花岗石

表3-4　英国棕花岗石物性特征

规格（mm）	可定	密度（kg/cm^3）	2.97
抗压强度（MPa）	122.6	抗弯强度（MPa）	17.4
吸水率（%）	0.19	莫氏硬度	6.6
适用范围	外墙、内墙、地面、其他	光泽度（GU）	/
硬度	/	杂质	无

该品种相对稳定，同一矿山，其颜色、晶体、花纹等略有变化，主要缺陷有黑胆、黑线，红筋、纹路不均匀，花色不均匀，有裂纹等。

4. 古典棕——印度

古典棕花岗石（图3-20）产自印度，与英国棕类似，花纹均匀，色泽稳定，光度较好，硬度高，不易加工，且断裂后胶补效果不好。

图3-20 印度"古典棕"花岗石

古典棕花岗石结构均匀，质地坚硬，颜色美观，是优质建筑石料，其物性特征见表3-5。岩石不易风化，外观色泽可保持百年以上。由于其硬度高、耐磨损，除了用作高级建筑装饰工程、大厅地面外，还是露天雕刻的选材之一。

该品种相对稳定，同一矿山，其颜色、晶体、花纹等略有变化，主要缺陷有黑胆、黑线，红筋、纹路不均匀、花不均匀、裂纹等。

表3-5 古典棕花岗石物性特征

规格（mm）	可定	密度（kg/cm^3）	2.6
抗压强度（MPa）	205.1	抗弯强度（MPa）	16.8
吸水率（%）	0.17	莫氏硬度	6
适用范围	外墙、内墙、地面、其他	光泽度（GU）	/
硬度	/	杂质	无

5. 加多利——加拿大

加多利花岗石（图3-21）产自加拿大，呈棕灰色，中粗粒结构，结构和花纹均匀，颜色美观，色泽稳定，光度较好，质地坚硬，不易风化，耐磨损，主要用作高级建筑装饰工程、大厅地面及外墙等，是优质建筑石料。其物性特征见表3-6。

图3-21 加多利花岗石

该品种相对稳定，荒料块度很大，同一矿山颜色、晶体、花纹等略有变化，主要缺陷有黑胆、黑线、裂纹，纹路、花色不均匀等。

表3–6　加多利花岗石物性特征

规格（mm）	可定	密度（kg/cm^3）	2.6
抗压强度（MPa）	154.8	抗弯强度（MPa）	13
吸水率（%）	0.21	莫氏硬度	6
适用范围	外墙、内墙、地面、其他	光泽度（GU）	/
硬度	/	杂质	无

6. 金山麻——巴西

金山麻花岗石（图3–22）产自巴西，呈棕黄色，以黄色为底，嵌有紫红色结晶纹路；中粗粒结构，结构和花纹均匀；颜色美观，色泽稳定，光度较好；质地坚硬，不易风化，外观色泽可保持百年以上。由于其硬度高、耐磨损，主要用作高级建筑装饰工程、大厅地面及外墙等，是优质建筑石料。其物性特征见表3–7。

图3–22　金山麻花岗石

该品种相对稳定，同一矿山，其颜色、晶体、花纹等略有变化，主要缺陷是有黑胆、黑线、裂纹，纹路、花色不均匀等，吸水率偏高。

表3–7　金山麻花岗石物性特征

规格（mm）	可定	密度（kg/cm^3）	2.61
抗压强度（MPa）	153	抗弯强度（MPa）	11.8
吸水率（%）	0.37	莫氏硬度	6
适用范围	外墙、内墙、地面、其他	光泽度（GU）	/
硬度	/	杂质	无

7. 奥文度金——巴西

奥文度金花岗石（图3-23）产自巴西，底色淡黄，比较柔和，有斜纹；中粗粒结构，结构和花纹均匀；颜色美观，色泽稳定，光度较好；质地坚硬，岩石不易风化，是优质建筑石料。由于其硬度高、耐磨损，主要用作高级建筑装饰工程、大厅地面及外墙等。其物性特征见表3-8。

该品种相对稳定，荒料块度很大，同一矿山，其颜色、晶体、花纹等略有变化，主要问题是黑色色线较多，色差较大。

图3-23　奥文度金花岗石

表3-8　奥文度金花岗石物性特征

规格（mm）	可定	密度（kg/cm³）	2.62
抗压强度（MPa）	177.6	抗弯强度（MPa）	15.2
吸水率（%）	0.23	莫氏硬度	6
适用范围	外墙、内墙、地面、其他	光泽度（GU）	/
硬度	/	杂质	无

8. 美国白麻——美国

美国白麻花岗石（图3-24）产自美国，呈灰白色，以白色为底，嵌有条纹状暗色矿物纹路；中粗粒结构，结构和花纹均匀；颜色美观，色泽稳定，光度较好，表面光洁度高；质地坚硬，耐腐蚀耐酸碱；密度大；含铁量极低；无放射性，是优质建筑石料。岩石不易风化，外观色泽可保持百年以上。由于其硬度高、耐磨

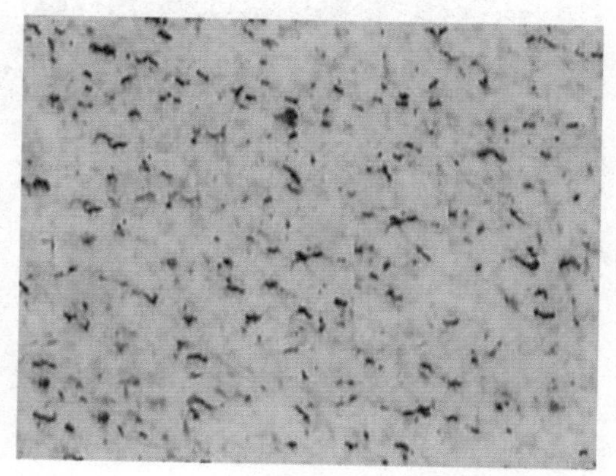

图3-24　美国白麻花岗石

损，主要用作高级建筑装饰工程、大厅地面及外墙、圆柱等。其物性特征见表3-9。

该品种相对稳定，荒料块度很大。同一矿山，其颜色、晶体、花纹等略有变化，主要缺陷有黑胆、黑线、裂纹，纹路和花色不均匀等。

表3-9　美国白麻花岗石物性特征

规格（mm）	可定	密度（kg/cm^3）	2.62
抗压强度（MPa）	151	抗弯强度（MPa）	13.8
吸水率（%）	0.19	莫氏硬度	6
适用范围	外墙、内墙、地面、其他	光泽度（GU）	/
硬度	/	杂质	无

9. 印度红——印度

印度红矿山位于印度南部的卡纳塔克邦的伊尔卡尔附近。矿山位置一般位于该地区平地上，方圆约10 km^2，分布着10多个矿山，平地露天开采，矿点分布范围相当集中。

图3-25　印度红花岗石

印度红花岗石（图3-25）主要为红底结构，无纹路，根据颜色、晶体等不同又分为深红、淡红、大花、中花、小花等。该品种相对稳定，同一矿山，其颜色、晶体、花纹等略有变化，主要缺陷有黑胆、黑纹、红筋、裂纹，花色不均匀等。其物性特征见表3-10。

印度红（**大花**）花岗石结构致密、质地坚硬，耐酸碱、耐气候性好，可以在室外长期使用。该花岗石具有高承载性、抗压能力及很好的研磨延展性，很容易切割出薄的大板，做成多种表面效果——抛光、亚光、细磨、火烧、水刀处理和喷沙等。一般用于室外墙面、地面、台阶、基座、踏步、檐口、柱面等。

表3-10　印度红花岗石物性特征

规格（mm）	可定	密度（kg/cm³）	2.62
抗压强度（MPa）	132	抗弯强度（MPa）	17
吸水率（%）	0.11	莫氏硬度	6
适用范围	外墙、地面、内墙其他	光泽度（GU）	/
硬度	/	杂质	无

10. 皇室啡——巴西

皇室啡花岗石（图3-26）产自巴西，以绿色为底，嵌有条纹状棕色矿物纹路，咖啡色的细小晶体同向排列；中粗粒结构，花纹均匀；颜色美观，色泽稳定，光度较好。其质地坚硬、具有稳定的物理化学性质和机械性能，具有抗风化、耐腐蚀以及耐磨蚀能力，不易风化，外观色泽可保持百年以上，长久地保持其观赏价值，是优质建筑石料。由于其硬度高、耐磨损，主要用作高级建筑装饰工程、大厅地面及外墙、圆柱等。其物性特征见表3-11。

图3-26　皇室啡花岗石

该品种相对稳定，同一矿山，其颜色、晶体、花纹等略有变化，晶体颗粒有粗花和细花之分。此料有几种底色，从黑至红渐变，最好为咖啡色偏红者，有黑底者介于红与黑色之间。

表3-11　皇室啡花岗石物性特征

规格（mm）	可定	密度（kg/cm³）	2.732
抗压强度（MPa）	173.2	抗弯强度（MPa）	/
吸水率（%）	0.16	莫氏硬度	6
适用范围	外墙、内墙、地面、其他	光泽度（GU）	/
硬度	/	杂质	无

二、大理石

1. 雅士白——希腊

雅士白（图3-27）属于白云石大理岩，产自希腊。底色为乳白色，带少许灰色纹路，质感丰富，条纹清晰，使人感到肃穆，常使装饰物具有强烈的文化和历史韵味，多用于现代风格的墙面、吧台等，被世界上多处知名建筑物使用。

图3-27　雅士白大理石

雅仕白大理石为细粒结构，花纹均匀，色泽稳定，光度较好，质地坚硬，具有较稳定的物理化学性质和机械性能，具有一定的抗风化、耐腐蚀以及耐磨蚀能力，能够长久地保持其观赏价值，是优质建筑石料。其物性特征见表3-12。

该品种相对稳定，同一矿山，其颜色、晶体、花纹等略有变化，可划分为多个等级。

表3-12　雅仕白大理石物性特征

规格（mm）	可定	密度（kg/cm^3）	2.76
抗压强度（MPa）	136.12	抗弯强度（MPa）	16.3
吸水率（%）	0.28	莫氏硬度	3～4
适用范围	外墙、内墙、地面、其他	光泽度（GU）	/
硬度	/	杂质	无

2. 奥特曼米黄——土耳其

奥特曼米黄大理石（图3-28）产自土耳其。底色为灰色，带少许米黄色纹路，条纹清晰，质感丰富，主要用于装饰等级高的建筑物，如纪念性建筑、宾馆、展览馆、影剧院、商场、图书馆、机场、车站等大型公共建筑的室内墙面、柱面、地面等，也用于楼梯栏杆、服务台、门脸、墙裙、窗台板、踢脚板等。

奥特曼米黄大理石为细粒结构，花纹均匀，色泽稳定，光度极高，质地坚

图3-28　奥特曼米黄大理石

硬，具有较稳定的物理化学性质和机械性能，具有一定的抗风化、耐腐蚀及耐磨蚀能力，能够长久地保持其观赏价值，养护周期长，是优质建筑石料。其物性特征见表3-13。

该品种相对稳定，同一矿山，其颜色、晶体、花纹等略有变化。

表3-13 奥特曼米黄大理石物性特征

规格（mm）	可定	密度（kg/cm^3）	2.48
抗压强度（MPa）	246.3	抗弯强度（MPa）	24.7
吸水率（%）	/	莫氏硬度	3-4
适用范围	外墙、内墙、地面、其他	光泽度（GU）	/
硬度	/	杂质	无

3. 诺亚米黄——土耳其

诺亚米黄大理石产自土耳其，底色为黄色，带少许金黄色纹路，条纹清晰，质感丰富，流线型的细纹（图3-29）呈现出时尚的运动感，给人以清爽、自然、舒适的感觉。主要用于装饰等级高的建筑物，如纪念性建筑、宾馆、展览馆、影剧院、商场、图书馆、机场、车站等大型公共建筑的室内墙面、柱面、地面等。

图3-29 诺亚米黄大理石

诺亚米黄大理石为细粒结构，色泽稳定，光度较高，质地坚硬，具有较稳定的物理化学性质和机械性能，具有一定的抗风化、耐腐蚀以及耐磨蚀能力，能够长久地保持其观赏价值，养护周期长，是优质建筑石料。

该品种相对稳定，同一矿山，其颜色、晶体、花纹等略有变化。

4. 木化石——葡萄牙

木化石大理石又名“白沙米黄”，产自葡萄牙。底色分米黄和米白色，整洁淡雅，素净大方，有灰色木纹的纹路，条纹清晰，质感丰富，装饰效果好，较适合用于写字楼的大堂，属于中档装饰石材。木化石大理石比较容易受污染，应做好防护，不适合用于地面以及洗手间等容易接触水的地方。

木化石大理石（图3-30）为细粒结构，花纹较均匀，色泽稳定，光度较高，质地坚硬，具有较稳定的物理化学性质和机械性能，具有一定的抗风化、耐腐蚀以及耐磨蚀能力，能够长久地保持其观赏价值，养护周期长，是优质建筑石料。

该品种相对稳定，同一矿山，其颜色、晶体、花纹等略有变化。矿石色差大，黑斑黑点较多。其致命的缺陷是裂纹，会使成品断裂，胶补后易污染，呈现明显的胶补痕迹。

5. 欧亚米黄——土耳其

欧亚米黄大理石（图3-31）产自土耳其。底色为黄色，带少许金黄色纹路，条纹清晰，质感丰富。它以细腻优良的质地，简约高雅的图案，以及表现出的至纯至美的境地而迅速走红，成为米黄家族中最耀眼的明星之一。

欧亚米黄为浅黄色，自然美观，高贵典雅，适合做大面积工程，装饰效果极好，主要用于装饰等级高的建筑物，如纪念性建筑、宾馆、展览馆、影剧院、商场、图书馆、机场、车站等大型公共建筑的室内墙面、柱面、地面等。

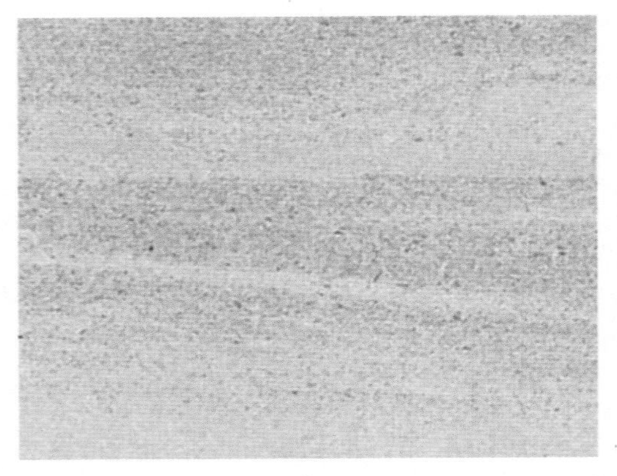

图3-30　木化石大理石

图3-31　欧亚米黄大理石

欧亚米黄大理石为细粒结构，花纹均匀，色泽稳定，光度极高；质地坚硬，具有较稳定的物理化学性质和机械性能；具有一定的抗风化、耐腐蚀以及耐磨蚀能力，能够长久地保持其观赏价值，养护周期长，是优质建筑石料。

该品种相对稳定，同一矿山，其颜色、晶体、花纹等略有变化。

6. 西班牙黄砂岩——西班牙

西班牙黄砂岩（图3-32）产自西班牙，底色为米白或米黄，带黄褐色锈点，部分有条纹变化；纹理花色均匀统一，自然美观，高贵典雅；性能、质地稳定，温和气候下可用于室内外装饰。

图3-32　西班牙黄砂岩大理石

西班牙黄砂岩为细粒结构，花纹均匀，色泽稳定，光度较高；质地坚硬，具有较稳定的物理化学性质和机械性能；具有一定的抗风化、耐腐蚀以及耐磨蚀能力，能够长久地保持其观赏价值，养护周期长，是优质建筑石料。其物性特征见表3-14。

该品种相对稳定，同一矿山，其颜色、晶体、花纹等略有变化。

表3-14　西班牙黄砂岩物性特征

规格（mm）	可定	密度（kg/cm^3）	2.32
抗压强度（MPa）	53.3	抗弯强度（MPa）	9.8
吸水率（%）	/	莫氏硬度	6-7
适用范围	外墙、内墙、地面、其他	光泽度（GU）	/
硬度	/	杂质	无

7. 世博米黄——印尼

世博米黄大理石（图3-33）产自印度尼西亚，底色为灰色，呈现灰白色的纹路和直纹花草样式，条纹清晰，质感丰富。主要用于装饰等级高的建筑物，如宾馆、展览馆、影剧院、商场、图书馆、机场、车站等大型公共建筑的室内墙面、柱面、地面等。

世博米黄大理石为细粒结构，花纹

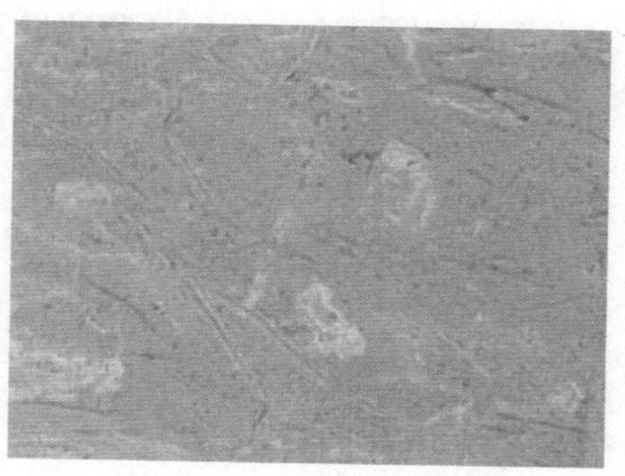

图3-33　世博米黄大理石

不太均匀，色泽稳定，光度较高；质地坚硬，具有较稳定的物理化学性质和机械性能；具有一定的抗风化、耐腐蚀以及耐磨蚀能力，能够长久地保持其观赏价值，养护周期长，是优质建筑石料。

该品种相对稳定，同一矿山，其颜色、晶体、花纹等略有变化。

8. 索菲亚——土耳其

索菲亚大理石（图3-34）产自土耳其，底色为米黄色，具灰色、灰白色纹路，条纹清晰，质感丰富。主要用于装饰等级高的建筑物，如宾馆、展览馆、影剧院、商场、图书馆、机场、车站等大型公共建筑的室内墙面、柱面、地面等。

索菲亚大理石为细粒结构，花纹不均匀，富于变化，但色泽稳定，光度较高；质地坚硬，具有较稳定的物理化学性质和机械性能；具有一定的抗风化、耐腐蚀以及耐磨蚀能力，能够长久地保持其观赏价值，养护周期长，是优质建筑石料。

该品种相对稳定，同一矿山，其颜色、晶体、花纹等略有变化。

9. 德国米黄——德国

德国米黄大理石（图3-35）产于德国，为石灰岩，底色为米黄色，带有花纹，具灰色、灰白色斑点。主要制成各种形材、板材，用于墙面、地面、台、柱等。该大理石花纹可形成天然的水墨山水画，古代常选取制作画屏或镶嵌画。

德国米黄大理石为细粒结构，花纹均匀，色泽稳定，光度较高；质地坚硬，具有较稳定的物理化学性质和机械性能；具有一定的抗风化、耐腐蚀以及耐磨蚀能力，能够长久地保持其观赏价值，养护周期长，是优质建筑石料。

该品种相对稳定，同一矿山，其颜

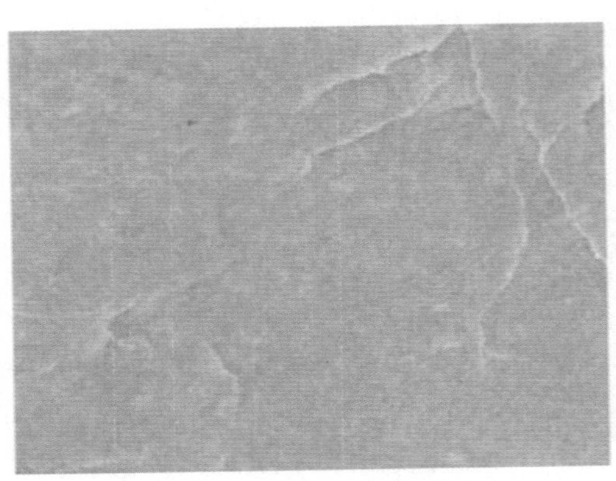

图3-34　索菲亚大理石

图3-35　德国米黄大理石

色、晶体、花纹等略有变化。

10. 意大利木纹石——意大利

意大利木纹石大理石（图3-36）产自意大利，底色为灰色，具灰色、灰白色直纹，条纹清晰，质感丰富。主要加工成各种形材、板材，用于建筑物的墙面、地面、台、柱等。

意大利木纹石大理石为细粒结构，花纹均匀，色泽稳定，光度较高；质地坚硬，具有较稳定的物理化学性质和机械性能；具有一定的抗风化、耐腐蚀以及耐磨蚀能力，能够长久地保持其观赏价值，养护周期长，是优质建筑石料。

该品种相对稳定，同一矿山，其颜色、晶体、花纹等略有变化。

图3-36　意大利木纹石大理石

Part 4

中国石材大观

我国的石材资源遍布大江南北，长城内外，31个省、市、自治区均有石材资源且已被开发。从出产“丰镇黑”的内蒙古到出产“崖州红”的海南省；从出产“丹东绿”的辽宁到出产“天山蓝”的新疆和出产“汉白玉”的西藏，纵横万里，已建有石材矿（点）万余座，品种多达两千余种（大理石1 000余种、花岗石1 200余种），是名副其实的石材大国。

中国石材的分布

从目前开发和做过初步地质工作的情况看，我国花岗石、大理石石材资源主要分布在：长白山区；燕山山脉；山东丘陵山地，尤其胶东地区、泰山、沂蒙山一带；东南丘陵，北起杭州湾，西至云贵高原的丽江、怒江、大理，包括仙霞岭、戴云山、南岭山、云开大山等；太行山区、吕梁山区的五台山、恒山一带、秦岭山地的秦岭和四川盆地西侧川西、攀西地区的大雪山、大凉山；新疆的天山山脉和海南岛的五指山区等。我国的板石资源分布面积很广，北京房山、门头沟地区的铁锈色、翠绿色及绿色的各种变色板石；保定地区易县、满城、徐山等地的乳白、乳黄色板石；陕西汉中、安康及榆林地区的镇巴、紫阳等地出产的各种颜色的板石；湖北十堰、山西五台和定襄、浙江萧县亦生产颜色各异的板石。

一、花岗石资源及其分布

花岗石矿床分为岩浆型花岗石矿床和变质型花岗石矿床两类。岩浆型矿床在全国各大地质构造单元均有分布，形成时代为前寒武纪、加里东、华力西、印支、燕山和喜马拉雅等期，其中燕山期和华力西

——地学知识窗——

燕 山 期

燕山构造期的简称，是侏罗纪至白垩纪（203 Ma～65 Ma）之间的构造期。在此期间，在今中国及周边地区发生了燕山运动或称燕山事件。燕山期岩浆活动在中国境内最为强烈，产出之岩浆岩分布广，数量多，岩体面积大，主要分布于中国东部和藏、滇、川地区。

期花岗岩矿床分布最为广泛；变质型矿床多分布于华北地台区，成矿时期以太古宙为主，矿体出露面积大，成片成带分布，岩性多属酸性或偏碱性混合岩化或钾化花岗岩系列。据《中国矿产资源报告》不完全统计，中国花岗石矿产资源总量约为230亿m^3～240亿m^3。目前查明储量仅占资源总量的4%。

花岗石资源大部分集中在沿海各省。其中山东、浙江、福建、广东、广西、海南等6省、自治区，其生产量几乎占到全国花岗石产量的70%。这些地区的花岗石岩体由于长期风化侵蚀，呈大面积出露，一般比高不大，表面呈球状或薄层状风化，开采条件比较好。从品种上分析，有上等名特产品，但以中档传统产品为主，主要品种见表4-1。

——地学知识窗——

华力西期

华力西构造期的简称，又称海西期，是泥盆纪至二叠纪（443.8 Ma~252.17 Ma）之间的构造期。在此期间，在今中国西北地区发生了天山运动。

表4-1　　我国沿海各省花岗石品种一览

省、地区	品种名称
辽宁	杜鹊红、墨玉、大连黑
京津冀	易县黑、平山黑、昌平黑、万年青、燕山兰、承德绿
山东	济南青、沂南青、乳山黑、莱芜黑、石岛红、将军红、平邑红、孔雀绿、芙蓉绿、文登白、珍珠花、樱花红、五莲花、锈石
江苏	赣榆黑、大芦花、苏州金山石
浙江	玫瑰红、安吉红、云花红、东方红、一品红、樱花红、龙泉红、红玉、樱花、芙蓉花、一品梅、临海黑、墨玉、孔雀绿、仕阳青
福建	福鼎黑、甫回黑、海仓白、洪塘白、田中石、砻石、古山红、安溪红
广东	翡翠绿、黑白花、西丽红、连州红、穗青花玉、翠竹花玉、龙红花
海南	散花黄、芝麻黑、黑金刚、崖州红、四彩花
广西	岑溪红、黑花岗

花岗石在内陆各省区，资源亦极为丰富，分布面积甚广，且名特优品居多，主要品种见表4−2。

表4−2 我国内陆各省花岗石品种一览

省、地区	品种名称
内蒙古	丰镇黑、诺尔红、咖啡
吉林	和龙黑、和龙红、樱花红、团山黑、双辽黑、伊通黑
山西	贵妃红、冰花、太白青、北岳黑、虎皮青、淡黄、墨绿、夜玫瑰
河南	林红、太行红、雪枫红、少林黑、少林绿、高山花
安徽	岳西墨、虎斑、芙蓉、黄山绿、墨彩蓝、天堂玉
陕西	黑雪花、黑冰花、黑珍珠、黑纹玉
新疆	天山蓝、天山红、双井红、托里红、博乐红、乌苏红、天池红
四川	芦山红、中华红、三合红、荥经红、石棉红、泸定红、阳江红、汉源红、南江红、天全绿、攀西蓝、米易绿、宝兴绿
湖南、湖北	宜昌红、三峡红、西陵红、玫瑰红、湘红、咖啡红、映山红、大悟红、三峡绿、宜昌绿、瑰宝绿、墨绿
云南、贵州	杜鹊红、高粱红、珍珠红、云南黑、紫黛及罗甸绿

已探明产地的花岗石储量按岩石类别有花岗岩、辉长岩、辉绿岩、橄榄岩、闪长岩、凝灰岩、蛇纹岩、角闪石岩、玄武岩、辉石岩等，其中花岗岩占绝对主导地位，探明储量占总储量的60%以上。按岩石类型分别介绍如下：

（一）橄榄岩——辉石岩类

橄榄岩石材类品种有陕西商南松树沟的墨玉和四川米仓山的米仓黑等。墨玉岩石名称为蛇纹石化纯橄榄岩，颜色呈墨绿色，主要矿物成分为橄榄石，次为蛇纹石，1986年开始开发，生产加工板材或做工艺雕刻石料，古色古香。米仓黑（1号）颜色呈黑色，主要矿物成分橄榄石和辉石，少量基性斜长石，属橄榄辉石岩类。

辉石岩类为黑色花岗岩石中重要的岩石类型之一，多为粗粒他形粒状结构。石材品种有安徽岳西黑豹、云南华坪黑、河北易县的G1136、G1137等。G1136岩石名称为紫苏辉石岩；G1137岩石名称为橄榄二辉角闪石岩，矿物成分主要为角闪石，次为辉石、橄榄石。

（二）辉长岩——玄武岩类

1. 辉长岩类

颜色多呈黑色，是我国黑色花岗石中重要的岩石类型，色纯正，岩石种属主要是辉长岩、辉绿岩。

（1）辉长岩

辉长岩是基性侵入岩中分布最广的一类岩石，我国河北、黑龙江、山东、江苏、安徽、江西、福建、广西、广东、陕西、河南、四川、新疆等省区都有分布。新鲜岩石抗压和抗拉强度都较大，故可做良好的建筑材料。如济南的一些园林，就是用当地所产的辉长岩建造的，石材品种为济南青。高档的花岗石品牌有四川的宝兴黑冰花（图4－1）、芦山墨冰花、陕西南郑变彩黑冰花、新疆天山冰花等。上述黑色花岗石品牌中，以南郑变彩黑冰花最为名贵。所谓变彩效应，是指在不同的方向观察，可见到蓝、紫等色彩的变化。

辉长岩中的斜长石，主要是基性斜长石，多为拉长石和培长石。一般为中—粗粒，辉长结构或辉绿结构，灰白色的斜长石和黑色或古铜色的粒状辉石均匀间杂分布。当斜长石中含有众多细小的铁矿物或其他暗色包体时，其颜色可以变为黑色和蓝色。如磐石蓝、夜蓝钻即为黑色基底小蓝斑晶闪光。

（2）辉绿岩

辉绿岩是基性侵入岩的浅成相岩石，也是我国黑色花岗石的重要岩石类型。品牌如山西黑（图4－2）、内蒙古丰镇黑和河北平山万年青等。山西黑在日本叫夜玫瑰，可与南非黑、印度黑相媲美，甚至优于它们。据研究，山西黑主要矿物成分为斜长石和普通—易变辉石，少量的中长石及有角闪石、黑云母、钛磁铁矿

图4－1　黑冰花

图4－2　山西黑

等。根据结构可细分为大花、中花和细花3个品牌，其中以中细花最优。

2. 玄武岩类

玄武岩类也是我国黑色花岗石重要的岩石类型之一，玄武岩在我国的分布很广泛，差不多各个地质时代都有产出。颜色多为黑色或灰黑色，细粒致密块状，具有强的耐酸，抗磨、抗压、绝缘性能。知名品牌如福鼎黑（图4-3）、蒙古黑（图4-4）等。福建的福鼎玄武岩矿石是全国罕见的优质黑玄武岩矿，石材加工500余家，年采矿能力近10万m^3。另外，黑龙江宁安开发的一种蜂窝玄武石，质坚石韧，容量轻，保温、隔音、抗压、抗蚀，耐酸碱，是一种不可多得新型石料，这种石材，在云南的腾冲也得已开发。

图4-3 福鼎黑

图4-4 蒙古黑

（三）闪长岩——安山岩类

1. 闪长岩类

岩石通常为灰、灰白、灰绿、绿色或肉红色，多为半自形粒状结构，等粒、不等粒或似斑状、斑状结构，块状构造。闪长岩的稳定性高，抗风化能力强，抗压强度也大，因而是良好的建筑材料。

南江黑的岩石名称是石英闪长岩，广西北流黑墨玉是辉石闪长岩，长乐古槐的细粒辉石闪长岩则被命名为芝麻黑（图4-5）。灰绿、灰、灰白色的石材品种在

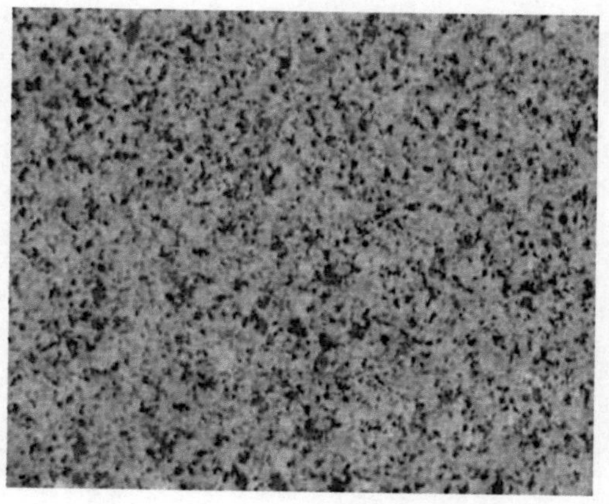

图4-5 芝麻黑

四川则被分别命名为紫灰绿、雪晶花和芝麻白，分别产于四川汉源、石棉和天全一带。绿色的品种有四川的宝兴绿、天全邮政绿（图4-6）。邮政绿是四川雅安地区的品牌石种之一，颜色为灰绿色，主要矿物成分：斜长石50%，角闪石25%，石英15%，少量矿物油辉石、黑云母和正长石。

图4-6　邮政绿

川北发现的花岗石新品种玛瑙红，岩石名称为角闪二长花岗岩，主要矿物成分为微斜长石、斜长石和石英，含少量角闪石及黑云母。

安徽大别山地区的青花钻，岩石定名为钾长石化闪长岩，呈花色，大花巨斑。斑晶主要为浅肉红色，大小5～15 mm左右，一般10～15 mm。基质为清晰白色，黑色暗色矿物主要为角闪石，少量辉石、黑云母和石英，红、白、黑三色分明，环带结构发育。

混合闪长岩，如四川旺苍英萃、常家沟、观音坝、柯家坝及南江后坝子、庙垭、竹坝等地，品种有米仓墨玉青，岩石为辉石闪长岩—角闪闪长岩，暗色矿物含量可达40%以上，故颜色较深。尽管如此，其颜色仍以绿色为主。

2. 安山岩类

安山岩的抗压强度为120～240 MPa，可作建筑材料；安山岩耐酸，因而也是天然的耐酸建筑材料。在我国云南腾冲，安山岩已得以开发和利用。

（四）花岗闪长岩——英安岩类

花岗闪长岩是自然界分布最广的岩石之一，可以是单一的岩体，也可以在同一岩体中与花岗岩、二长岩等共生，构成岩体的中央相或过渡相。我国花岗闪长岩侵入体主要形成于地质构造上的燕山期，几乎遍及全国，且以东部地区尤为集中。晋宁期，多分布于华南；华力西期，主要出现在秦岭—昆仑构造体系和阴山—天山构造体系以北，且岩体的规模通常都很大。

花岗闪长岩颜色多为白、灰白色，细—粗粒状结构，等粒、不等粒甚或似斑状、斑杂状构造。主要品种为白、灰白色，部分花色。白色品种如巴厝白（图

4−7）、内厝白，岩石名称为细粒黑云母花岗闪长岩；灰色的石材品种如楚山灰，灰白色，中斑结构，是高档的墓碑石原料；花色品种如廉江中花，其他品种如芝麻白（图4−8）、芝麻灰。

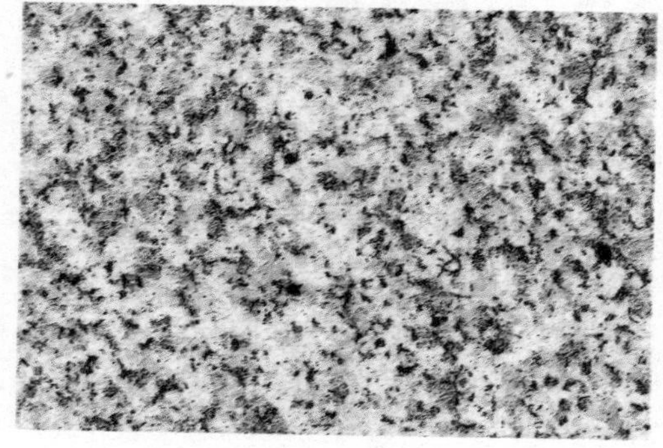

图4−7　巴厝白

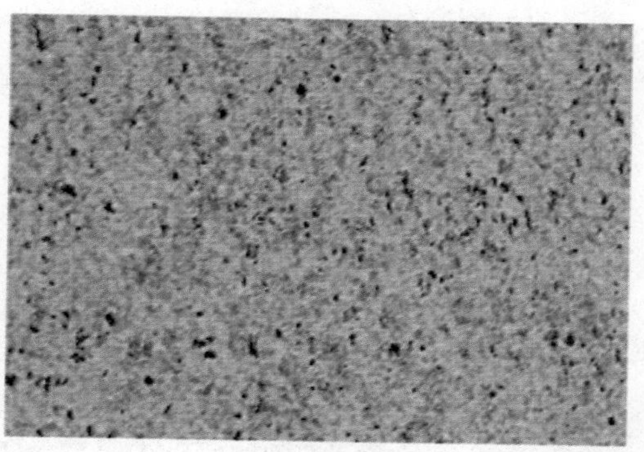

图4−8　芝麻白

（五）花岗岩——流纹岩类

本类岩石颜色多为肉红色、灰红色、浅粉红色、灰色和灰白色。常见结构为半自形粒状结构，次为斑状、似斑状结构及文象结构等，一般为块状构造，有时为斑杂状结构、似片麻状构造和环斑状构造。所谓文象结构，是长石和石英相互嵌生而形成的一种结构，因貌似古老的象形文字而得名。如四川的三合红，矿石具中粒花岗结构，花岗文象结构；环斑状构造，白色更长石常组成钾长石的边环，磨光面十分美丽，亦称更长环斑结构。

1. 花岗岩

岩石的主要种属有花岗岩、二长花岗岩、斜长花岗岩、花岗斑岩等。

（1）花岗岩

花岗岩一般是指分布广泛的钙碱性花岗岩中的正常花岗岩，颜色为灰白色及肉红色。最大特征是碱性长石多于斜长石，碱性长石主要是正长石和微斜长石，约占长石总量的2/3以上。灰色的品牌如山东崂山灰，岩石名称为中粗粒黑云母花岗岩；红色的品牌如四川芦山红（图4−9）、中华红、三合红、天全玫瑰红、

图4−9　卢山红

汉源区星红；新疆的新疆红、鄯善红（图4-10）等，主要矿物成分为钾长石、石英，岩石名称均为钾长花岗岩。

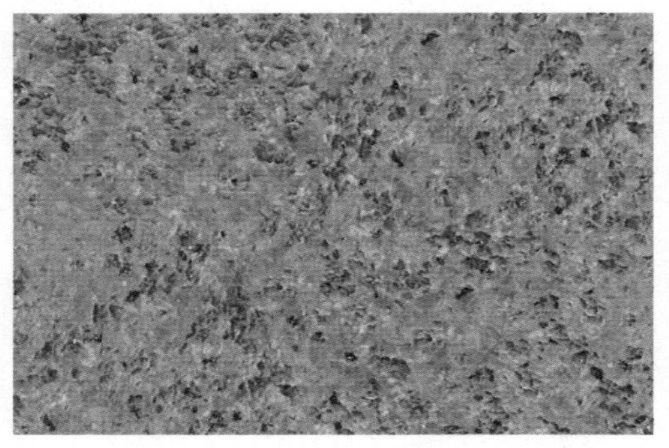

图4-10　鄯善红

（2）长花岗岩

长花岗岩是专指钾长石、斜长石含量近于相等的花岗岩，石材品种如闽粤一带的海沧白、黑白花等，岩石名称分别是细粒二长花岗岩、黑云母二长花岗岩。

（3）正长花岗岩

正长花岗岩长石的主要种属为正长石。品种如新疆的双井红、双井花，岩石名称为肉红色中粒正长花岗岩。

（4）斜长花岗岩

斜长花岗岩是一种比较特殊的花岗岩，矿物成分中的长石主要为斜长石，其含量占长石总量的90%以上，碱性长石很少。石材品种可分为蓝色和白色，蓝色品种，如新疆天山蓝（图4-11），岩石名称为浅蓝色中粗粒含天河石斜长花岗岩，天河石为钾微长石的一个变种，含铷、铯，故为蓝色；白色品种，如四川的南江白，岩石名称为黑云母斜长花岗岩。

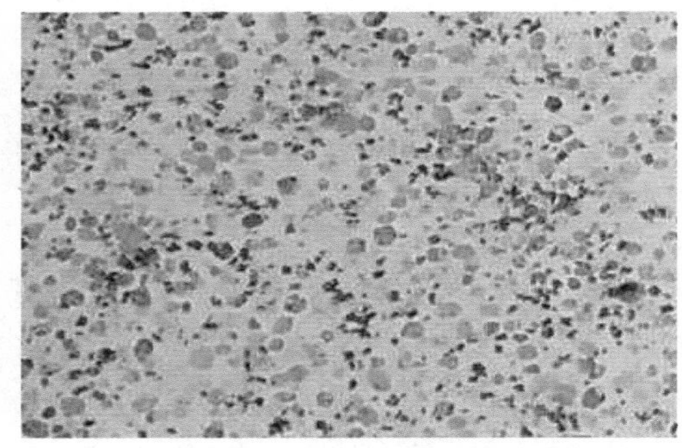

图4-11　天山蓝

（5）花岗斑岩

花岗斑岩是具斑状结构的花岗岩，一般为花岗岩的浅成侵入岩，石材品种如金沙黄。

2. 流纹岩类

在浙江，大面积分布着中生代侏罗纪陆相火山流纹岩，所开发出的品种有嵊州东方红（图4-12）、云花红，岩石名称

图4-12　嵊州东方红

为球状流纹岩。另外，还有磐安紫檀香，其岩石名称为熔结凝灰岩。

（六）正长岩类

正长岩类，其矿物成分主要为正长石，矿石的颜色一般为灰白色、灰色、浅的玫瑰色和肉红色、灰绿色。矿石的结构多为半自形粒状结构，中至粗粒、等粒、不等粒，或斑状、似斑状结构，块状构造。主要的岩石种属有正长岩、石英正长岩、二长岩和正长斑岩等。

1. 正长岩

有资料显示，我国的白色花岗石品种许多是正长岩，产地如广西、内蒙古、河北等省。

2. 二长岩

二长岩包括闪长二长岩和辉长二长岩，是分别向闪长岩和辉长岩过渡的岩石种属。莆田芝麻黑（图4–13），岩石名称为角闪石英二长岩；山西蝴蝶绿（图4–14），岩石名称为紫苏辉石二长岩，颜色为墨绿色，略带黄色，似斑状结构，斑晶为浅绿、灰白色的斜长石，基质有斜长石、微斜长石、石英和紫苏辉石。磨光面宛若纷飞的蝴蝶纹饰，非常美丽。

图4–13　莆田芝麻黑

（七）霓霞石——霞石岩类

霞石正长岩，矿物成分中的碱性长石多是含钠的种属和无色或褐红色的霞石，化学成分中（K_2O+Na_2O）特别高，习惯上称为碱性岩。石材品种如广东佛岗青（图4–15），其岩石名称为钠闪石方

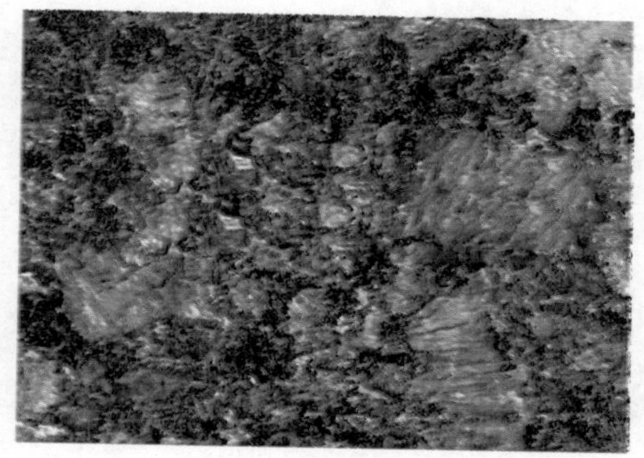

图4–14　山西蝴蝶绿

图4–15　广东佛岗青

钠石正长岩。

所谓的钛铁霞辉岩，是霓霞石—霞石岩类的一个种属，石材品种有四川的飞花墨子玉，在黑绿色基底中，半自形的淡紫色钛辉石宛若纷飞的紫色花絮，装饰效果极佳。

（八）变质岩类

主要是原岩叠加变质作用所形成的具有片麻岩构造的各类岩石和由混合岩化作用所形成的混合岩类。片麻岩类花岗石，红色品牌如山东平邑将军红、山西灵丘和湖北兴山贵妃红、河南辉县太行红等；白色品牌如蕲春白麻、山东文登白、湖北兴山和江西星子芝麻白（图4–16）等。混合岩类，花色品牌如广东信宜海浪花、新兴浪花白和湖北兴山幻彩红（图4–17）等。其中湖北兴山幻彩红，红、黑、蓝、白色相映成趣，将自然山水、鱼虫鸟兽、人文景观、风土人情融入其中，宛若一幅天然风景画。

图4–16 江西星子芝麻白

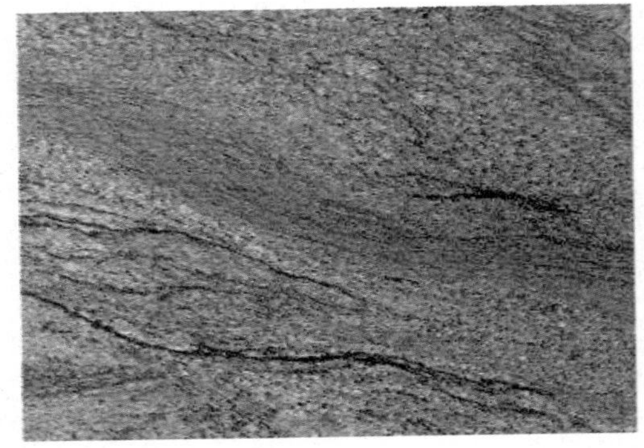
图4–17 湖北兴山幻彩红

二、大理石及其分布

大理石资源遍布全国各地，品种多达1 000余种，除了早已闻名于世的台湾花莲大花绿、辽宁丹东绿、山东莱阳绿、北京房山汉白玉、河北曲阳汉白玉以及杭灰、云灰及宜兴奶油外，山东、云南、四川、河南、河北、湖南、湖北、江浙及安徽等26个省、自治区、直辖市均蕴藏丰富的资源和众多的品种。

中国大理石矿产地分布比较均衡，东北地区探明储量比较贫乏，占全国总储量的2%；中南地区探明储量最多，占全国总储量的33%。储量最丰富的省份有广东省、河北省、广西壮族自治区，各拥有的储量超过1亿m^3；陕西的储量超过9 000万m^3；四川、北京、江苏、浙江、河南、安徽、贵州7省拥有的储量均超过3 000万m^3。

根据国土资源部关于矿床规模划分标准，大理石矿床体积大于1 000万m^3的为大型，200万m^3～1 000万m^3的为中型，小于200万m^3的为小型。中国现有大中型大理石矿产地主要分布在北京、河北、江苏、陕西、浙江、安徽、四川、湖南、江西、云南、广西、广东等地。

我国大理石资源的特点如下：

1. 花色较全、品种繁多，已形成系列

我国目前已发现的大理石主要品种有1 000多个，即使是意大利等大理石工业发达的国家，在这方面也无法相比，其中可以批量出口的大理石品种有几百种。

各种颜色、花纹的大理石已形成系列，白、黑、红、灰、绿、黄、肉色，色彩俱全；花纹有云雾状、山水风景状、螺纹、柳叶、星斑状以及稀有的古生物化石图案状等应有尽有。

2. 质量较好、市场畅销

我国大理石品种绝大多数质量较好，质地细腻，色调典雅，花纹美丽，光泽度、装饰性能、使用性能均能达到标准要求。许多品种在国内外市场受到用户的欢迎，具有一定的知名度。如北京房山、河北曲阳的“汉白玉”，四川宝兴的“蜀白玉”，云南大理的“苍山白”，山东莱州的“雪花白”，贵州毕节的“晶墨玉”，安徽灵璧的“红皖螺”，浙江杭州的“杭灰”，云南大理的“云灰”，辽宁丹东的“丹东绿”，山东莱阳的“莱阳绿”，河南淅川的“松香黄”，广西全州的“木纹黄”，江苏宜兴的“红奶油”，北京房山的“艾叶青”，陕西潼关的“腾龙玉”等。

3. 探明储量中石材品种以中档为主，高档较少

著名品种如“汉白玉”“丹东绿”“松香黄”等名品深受客商欢迎，但由于储量少，开采久，已难大批量开采或闭坑。特别是畅销不衰的白色、纯黑色、浅色大理石资源在数量和质量上已经不能满足国际市场的要求。

4. 部分优质大理石矿床处于边远山区，目前尚未大规模开发

在中国西南部有多处优质大理石矿床，但由于处在边远山区，山高路险，开采条件欠佳，特别是运输成本过高，短期内还难以大规模开发。如云南福贡的“雪里翠”，元阳的“元阳晶白”，屏边的“屏边白”；四川石棉的“石棉白”，小金的“汉白玉”等。

由于大理石品种甚多，同质不同名者有之，同名不同质者亦有之，故将大理石按其颜色加以分类，择名优品种简要列表如下（表4-3）：

表4-3　　我国主要大理石品种一览表

花色	品　种
白色	北京房山的汉白玉；河北曲阳的曲阳玉、汉白玉；山东莱州的雪花白，水晶玉；湖南的郴州白、湘白玉；广东的蕉岭白、圳白玉、汉白玉；四川的宝兴白、宝兴青花白、蜀金白、草科白；云南的河口雪花白、白海棠；江西的江西白、上白玉
灰色	浙江的杭灰、衢灰；山东的条灰；广东的云花；广西的贺县灰；云南的云灰、雅灰
黑色	湖南的双锋黑、邵阳黑、郴州黑；广西的桂林黑；四川的武隆黑、天全黑、西阳黑；贵州的毕节晶墨玉；山东莱阳黑
黄色	云南的云南米黄；广西的木纹黄、桂林黄；贵州的木纹米黄、平花米黄、金丝米黄；河南的松香黄；陕西的香蕉黄、芝麻黄；内蒙古的密黄、米黄
绿色	辽宁的丹东绿；山东的莱阳绿、翠绿、栖霞绿；湖南的沱江绿、荷花绿、碧绿；陕西的孔雀绿和新疆的天山翠绿
红色	江苏宜兴的红奶油；江西的玫瑰红、奶油红、玛瑙红；河南的雪花红、万山红、芙蓉红、鸡血红；湖南的凤凰红、荷花红；广东的灵红、广州红；广西的龙胜红和四川的南江红；新疆的海底红、秋景红
褐色	北京的紫豆瓣、晚霞、螺丝转；安徽的红皖螺、灰皖螺
其他	银网墨玉、雪夜梅花、银丝倩影、云花、秋景、木纹、碧云

三、板石资源及其分布

板石资源在我国十分丰富，分布范围比较广，除华北平原、东北平原和其他平原、盆地、沙漠、新生代以来覆盖很厚的松散层地区，以及那些在大片火山岩、岩浆岩点出露的地方外，许多省、市、自治区都可以找到。我国广泛分布的前震旦纪、寒武纪、奥陶纪、志留纪、二叠纪、三叠纪地层中的薄层灰岩、砂岩、页岩、板岩和千枚岩，可以寻找和开发出数量巨大、品种优良的板石。

北京地区的二叠纪地层中有紫色板岩、千枚岩；震旦纪地层中不仅有浅灰、灰绿、银灰、灰黑等多种颜色的板岩、千枚岩，而且出露的厚度较大。如怀柔区的震旦系中有一套板岩，厚度172 m；房山区的一套千枚岩、板岩，厚度在200 m以上。房山、门头沟地区出产铁锈色、翠绿色及绿色的各种变色板石，长期以来畅销不衰。

河北保定地区的易县、满城、徐山等出产深锈色、乳白色、乳黄色板石。

陕西板石资源非常丰富，颜色齐全，有黑色、绿色、灰色、灰绿色、铁锈色、黄色、银灰色、银黑色等。如紫阳、镇坪的绿色、黄绿色板石、灰色板石都很有名。其中陕北板石赋存于三叠纪地层中，北起神木、佳县，经米脂、绥德、靖涧、延川、宜川，转向西南，过洛川、黄龙、黄陵，到渭北的淳化、旬邑、彬县、麟浙等县；陕南地区的寒武系到志留系出露广泛的板岩，西起汉中的镇巴，经安康的石泉、汉阳、紫阳、岗皋、安康、平利，直到镇坪，是我国板石的出口基地。

湖北板石产地主要分布于鄂西、鄂西北地区。鄂西板石分为两大片，一是产在鄂西长江两岸的古生代—中生代地层中的黑色含炭质钙质板岩、炭质板岩、黑色硅化板岩等，主要分布在长阳县、宜昌市、兴山县和神农架林区；另一片产在十堰地区的竹山、竹溪、房县一带，主要是黑色、灰黑色炭质板岩，灰色、绿豆色、绿色泥质板岩、黄色千枚岩、含炭质硅质板岩等。其中，以黑色炭质板岩、硅质板岩和绿色泥质板岩3种质量最佳，出口数量最大。鄂西北板石以竹溪地区资源最丰富，竹山县次之，房县较少。

四川东北部与陕西、湖北接壤的地区也有板石出露，分为南北两个产区。北区板石产于万源市、城口县寒武纪地层中，板石颜色品种较多，有浅灰至深灰、黄色、纯黑色、灰黑色等，有的还呈现出褐黄色晕或出现深、浅颜色相间排列的条带，美观大方，古朴素雅，是四川境内板石最有开发远景的地区；南区的板石产在城口县、巫溪县境内，也在寒武纪地层中，多为黑色、灰黑，以及深灰色，资源丰富。

山西省五台县、定襄县出产紫色、银灰色板石；太行山区的左权县、黎城县、平顺县出产以铺地石板为主的粉红、黑色板石。

此外，浙江安吉的“黑大王”板石；江西南部广泛分布的紫红色千枚岩、黑色板岩、草绿色千枚岩等；湖南的元古宙板溪群地层中有紫色、灰绿、绿、暗灰、灰黑和黑色千枚岩、板岩；在广西、贵州等省（区）也有良好的板岩、千枚岩分布，它们都是板石的产区或开发板石的前景区。

中国著名石材品种

2009年，《东方石材商讯》杂志发布了十大国产花岗石、大理石品牌，本文借此资料，简单介绍一下我国著名的石材品种。

一、花岗石

（一）白珠白麻——浙江

白珠白麻花岗石（图4-18），主要产地为浙江。灰白色，中粗粒花岗结构，具斑点状颗粒，花色均匀，品质优秀，表面光洁度高，硬度、密度大，含铁量低，放射性元素含量低。

白珠白麻花岗石结构致密、质地坚硬、耐酸碱、耐气候性好，可以在室外长期使用。其优点还包括高承载性、抗压能力及很好的研磨延展性，很容易切割、塑造，可以创造出薄板大板等；可做成多种表面效果，如抛光、亚光、细磨、火烧、水刀处理和喷沙等。一般用于地面、台阶、基座、踏步、檐口等处，多用于室内外墙面、地面、柱面的装饰等。其物性特征见表4-4。

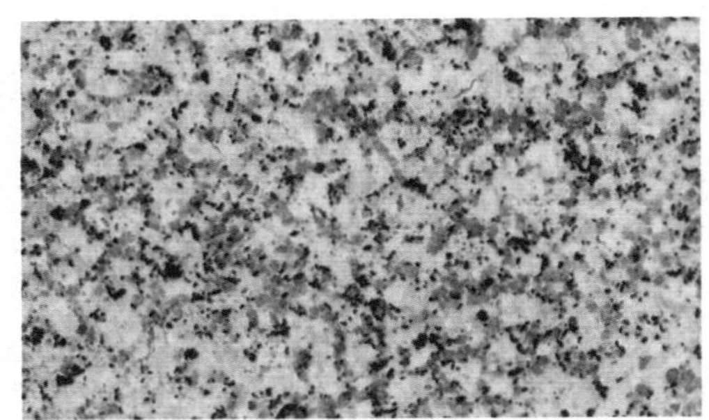

图4-18　白珠白麻花岗石

表4-4　白珠白麻花岗石物性特征

规格（mm）	可定	密度（kg/cm^3）	2.69
抗压强度（MPa）	182.8	抗弯强度（MPa）	17.3
吸水率（%）	0.17	莫氏硬度	6~7
适用范围	外墙、内墙、地面、其他	光泽度（GU）	/
硬度	/	杂质	无

（二）国产黄金钻——河北、新疆

国产黄金钻花岗石（图4-19），产地主要有河北的承德和新疆。黄金钻花岗石得天独厚的物理特性加上它美丽的花纹使之成为建筑的上好材料。因为黄金钻给人带来的高档感觉，各类公用、商住两用和别墅等建筑无不以黄金钻花岗石板来装饰以提高档次。

黄金钻花岗石结构均匀，质地坚硬，颜色美观，是优质建筑石料。黄金钻花岗石不易风化，外观色泽可保持百年以上。由于其硬度高、耐磨损，除用作高级建筑装饰工程、大厅地面外，还是露天雕刻的首选之材。其物性特征见表4-5。

图4-19　黄金钻花岗石

表4-5　黄金钻花岗石物性特征

规格（mm）	可定	密度（kg/cm³）	2.97~3.07
抗压强度（MPa）	250~260	抗弯强度（MPa）	13~15
吸水率（%）		莫氏硬度	
适用范围	外墙、内墙、地面、其他	光泽度（GU）	75~90
硬度	90	杂质	无

（三）中国白麻——福建、山东、陕西、吉林

中国白麻花岗石（图4-20），主要产地为福建、山东、陕西、吉林等。灰白色，中粗粒花岗结构，具斑点状颗粒，花色均匀，品质优秀，表面光洁度高，耐腐蚀，耐酸碱，硬度、密度大，含铁量低，无放射性。

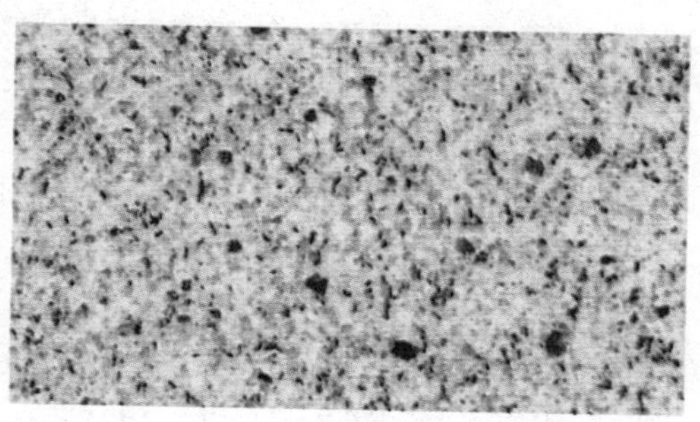

图4-20　中国白麻花岗石

中国白麻花岗石结构致密、质地坚硬、耐酸碱、耐气候性好，可以在室外长期使用。优点还包括高承载性，抗压能力及很好的研磨延展性，很容易切割、塑造，可以创造出薄板大板等；可做成多种

表面效果—抛光、亚光、细磨、火烧、水刀处理和喷沙等。适合外墙干挂、地面板材及圆柱等的加工，是中高档绿色建材。

（四）咖啡钻——新疆、山东、辽宁

咖啡钻花岗石（图4-21），主要产地为新疆、山东、辽宁。咖啡色，中粗粒花岗结构，具斑点状暗色颗粒，花色均匀，品质优秀，表面光洁度高，硬度、密度大，含铁量低，放射性低。

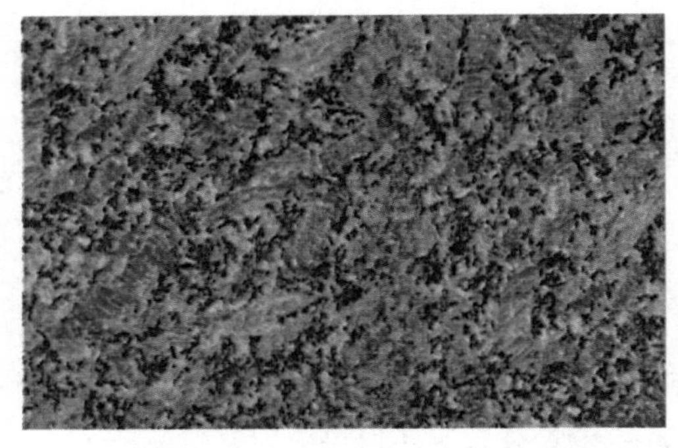

图4-21　咖啡钻花岗石

咖啡钻花岗石结构致密、质地坚硬、耐酸碱、耐气候性好，可以在室外长期使用。是一种古老的传统饰面材料，其表面光滑平整、细腻，给人以高贵、典雅的视觉效果，同时，耐磨性能好，易洗净。适合各种建筑物装饰、园林、家私、工艺等领域。其物性特征见表4-6。

表4-6　咖啡钻花岗石物性特征

规格（mm）	可定	密度（kg/cm^3）	2.970~3.07
抗压强度（MPa）	250~260	抗弯强度（MPa）	13~15
吸水率（%）		莫氏硬度	
适用范围	外墙、内墙、地面、其他	光泽度（GU）	75~90
硬度	90	杂质	无

（五）锈石——福建、山东、山西

我国锈石产地主要集中在福建和山东、山西的丘陵地区，这两个地区的锈石占据了国内80%以上的产值和产量，其每年锈石出口量都非常大。按地区来划分种类的话，福建锈石主要产地集中在石井、莆田、漳浦及龙海四大地区，主要产品有石井锈石、莆田锈石、漳浦锈石、角美锈石、龙海锈石等，产品主要按出产地区来命名；山东锈石主要以汶上地区最为出名，主要产品有黄锈石及白锈石，产品主要按颜色来命名。另外还有青苔锈、鸡屎锈、黄锈麻、粗点锈 、细点锈、半头青、粉锈等其他品种。

锈石主要以无臭点、无黑斑、多锈点、锈点清晰而且为深黄色锈点为质量上乘（图4–22），优质的光面黄锈石被界内认为是外墙干挂的首选石种，烧面和荔枝面所加工成的地铺石、景观石是景观设计师喜爱的选择。锈石的台面板磨光后颜色显得尤为美观，彰显出豪华高贵，耐磨性极高，为广大欧美客户所青睐。其物性特征见表4–7。

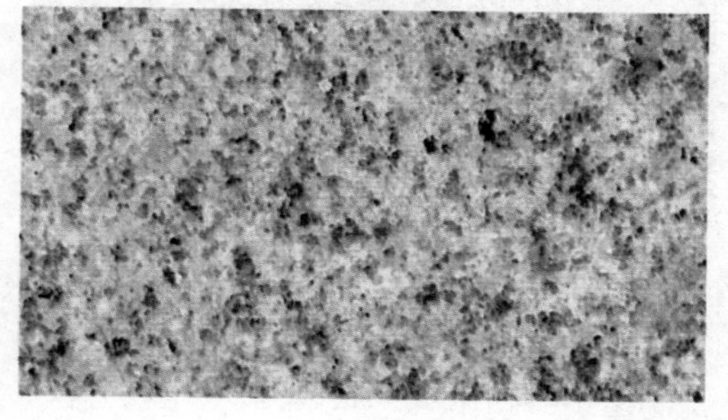

图4–22 锈石花岗石

锈石因色差较大，大批量生产可能出现不同的色差，影响装饰整体的效果，外墙干挂尤其要注意。

表4–7 锈石花岗石物性特征

规格（mm）	可定	密度（kg/cm^3）	2.7～2.8
抗压强度（MPa）	123.3	抗弯强度（MPa）	16.9
吸水率（%）	0.16	莫氏硬度	6
适用范围	外墙、内墙、地面、其他	光泽度（GU）	
硬度		杂质	无

（六）卡拉麦里金——新疆

卡拉麦里金花岗石（图4–23）产自新疆准噶尔盆地北缘苏吉泉一带。底色为浅黄色，黑色色调匀缀其中，美观而又素雅，是很好的饰面花岗石资源。

图4–23 卡拉麦里金花岗石

卡拉麦里金花岗石结构致密、质地坚硬、耐酸碱、耐气候性好，可以在室外长期使用。其优点还包括高承载性，抗压能力及很好的研磨延展性，很容易切割、塑造，可以创造出薄板大板等，可做成多种表面效果，如抛光、亚光、细磨、火烧、水刀处理和喷沙等。一般用于地面、台阶、基座、踏步、檐口等处，多用于室内外墙面、地面、柱面等的装饰。

位于北京市三里河路的北京新疆大厦，全部由卡拉麦里金荔枝面装饰，体现了浓郁的新疆地方特色。

（七）黑冰花——黑龙江

黑冰花花岗石产于黑龙江。底为灰绿色，以黑色斑点点缀，形成美丽的颜色、花纹（图4–24）。有较高的抗压强度和良好的物理化学性能，资源分布广泛，易于加工。它不仅用于豪华的公共建筑物，也进入了家庭的装饰。黑冰花被用于制造精美的用具，如家具、灯具、烟具及艺术雕刻等。其物性特征见表4–8。

图4–24　黑冰花花岗石

表4–8　黑冰花花岗石物性特征

规格（mm）	可定	密度（kg/cm^3）	2.82
抗压强度（MPa）	135.6	抗弯强度（MPa）	11.9
吸水率（%）	0.12	莫氏硬度	6
适用范围	外墙、内墙、地面、其他	光泽度（GU）	
硬度		杂质	无

（八）世纪银灰——山西

世纪银灰花岗石（图4–25）产于山西。中粒雪点状花岗结构，底为灰色，纹路为灰白色，以白色斑点点缀，形成美丽的颜色、花纹。有较高的抗压强度和良好的物理化学性能。

世纪银灰花岗石易于加工，不仅用于豪华的公共建筑物，也进入了家庭的装饰，如室内外装饰、构件、台面板、洗手盆。其物性特征见表4–9。

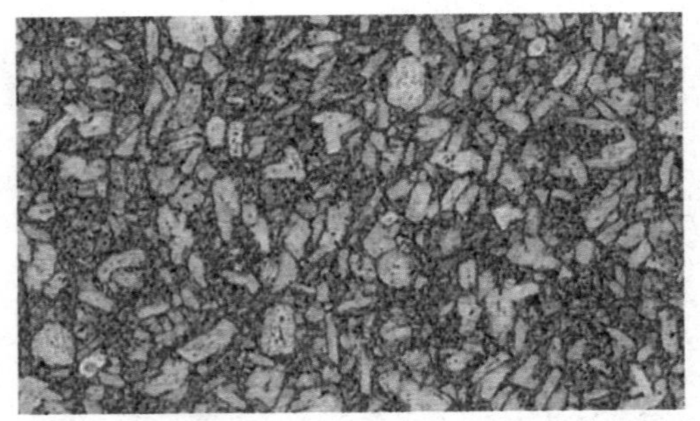

图4–25　世纪银灰花岗石

表4-9　世纪银灰花岗石物性特征

规格（mm）	可定	密度（kg/cm³）	2.8
抗压强度（MPa）	124	抗弯强度（MPa）	
吸水率（%）	0.27	莫氏硬度	6
适用范围	外墙、内墙、地面、其他	光泽度（GU）	
硬度		杂质	无

（九）珍珠兰——福建

珍珠兰花岗石（图4-26）产于福建。底为灰蓝色，纹路为蓝色，以斑点颗粒点缀，形成美丽的颜色、花纹。中粒雪点状花岗结构，有较高的抗压强度和良好的物理化学性能。

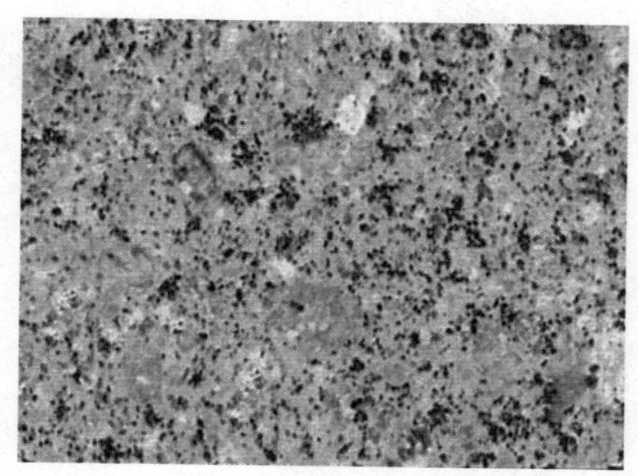

图4-26　珍珠兰花岗石

珍珠兰花岗石不仅用于豪华的公共建筑物，也进入了家庭的装饰，如室内外装饰、构件、台面板、洗手盆。其物性特征见表4-10。

表4-10　珍珠兰花岗石物性特征

规格（mm）	可定	密度（kg/cm³）	2.8
抗压强度（MPa）	153.6	抗弯强度（MPa）	15.2
吸水率（%）	0.17	莫氏硬度	6
适用范围	外墙、内墙、地面、其他	光泽度（GU）	
硬度		杂质	无

（十）中国黑——河北、山西、内蒙古

中国黑是河北石材中最有名，也是产量最大的花岗石。1990年开始开采并出口，当时命名为中国黑。后随着中国山西黑和丰镇黑这些近似石材的开采，为作区别，又以产地命名为河北黑、阜平黑。因为以上石材具有基本一致的特征，可统称为中国黑（图4–27）。

中国黑石材岩性为玄武岩，具细粒结构，块状构造。所以其强度比较大，耐自然性（光，水浸，热胀冷缩，自然环境中的酸碱，风化等）强，有千年永存的说法。做镜面抛光光度可达100度以上，所以也有黑镜面之称。

中国黑按其黑度分号1、2、3等。1号不成大量矿采，只是少量伴成料，细密纯黑，但料成形小，有色差过渡。大量应用的是2号和3号。2号的自然黑度、硬度、密度好于3号，开采早，开采面深度大，开采难度大，开采成本高，价格也远远高于3号，尤其是规格较大时，所以主要用于出口。3号矿量比2号丰富，开采容易，成本较低，为了增加其黑度，要工人染色，主要销往国内。

中国黑加工成品主要有台面板、室内外地面和墙面大块地铺石、墓碑、工艺块石、量具平台等。其物性特征见表4–11。

图4–27　中国黑花岗石

表4–11　中国黑花岗石物性特征

规格（mm）	可定	密度（kg/cm³）	2.7
抗压强度（MPa）	139	抗弯强度（MPa）	11.5
吸水率（%）	0.17	莫氏硬度	6
适用范围	外墙、内墙、地面、其他	光泽度（GU）	
硬度		杂质	无

二、大理石

（一）圣罗兰——湖北

圣罗兰大理石（图4-28）产于湖北。岩性为泥晶灰岩，呈碎裂结构，由白色及红褐色方解石脉充填。该石材的大板共有两种风格：一种是深灰色底，有细白纹均匀分布；另一种是深灰色底，有稍粗的白纹，并带有一些金黄色和较少的红色花纹。黄色及红色花纹的板面分布类似意大利黑金花。

圣罗兰大理石材质细腻，结构紧密，强度高，裂纹较少，大板光度好，它是目前市场上品质及档次较高的灰色系列石材品种。

花纹丰富多彩的圣罗兰给人以奢华、高贵典雅之感。用来点缀空间，彰显气势，与欧式风格相搭配相得益彰；厚重、豪华之感对于许多喜欢欧式风格的人来说，无疑是最好的选择。

圣罗兰大理石材料可以用在高端写字楼、酒店、高档公寓、别墅的大堂、卫生间的墙面（包括做背景墙）、地面、台面板等部位。其物性特征见表4-12。

图4-28 圣罗兰大理石

表4-12 圣罗兰大理石物性特征

规格（mm）	可定	密度（kg/cm³）	2.72
抗压强度（MPa）	81.4	抗弯强度（MPa）	7.7
吸水率（%）	0.094	莫氏硬度	3
适用范围	外墙、内墙、地面、其他	光泽度（GU）	
硬度		杂质	无

（二）灰木纹——贵州

灰木纹大理石，产于贵州。岩性为重结晶条带状微晶灰岩。底色呈灰色，纹路灰白、灰褐色。灰白相间，层理清晰，色泽光亮，气质典雅，材质细腻，结构紧密，强度高，裂纹较少，大板光度好，它是目前市场上品质及档次较高的灰色系石材品种（图4–29）。

图4–29　灰木纹大理石

灰木纹天然大理石板材为高档饰面材料，主要用于建筑装饰等级要求高的建筑物，如用做纪念性建筑、宾馆、展览馆、影剧院、商场、图书馆、机场、车站等大型公共建筑的室内墙面、柱面、地面、楼梯踏步等处的饰面材料，也可用于楼梯栏杆、服务台、门脸、墙裙、窗台板、踢脚板等。

（三）黄木纹——湖北

黄木纹大理石，产于湖北，又称木纹米黄。底色呈黄色，纹路金黄色。层理清晰，色泽光亮，气质典雅，材质细腻，结构紧密，强度高，裂纹较少，是目前市场上品质及档次较高的石材品种（图4–30）。

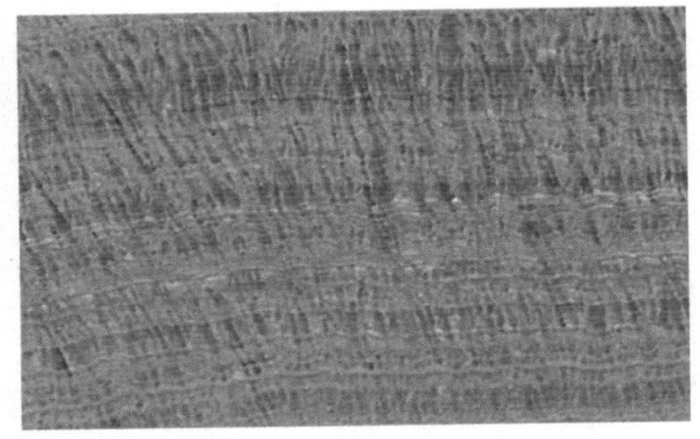

图4–30　黄木纹大理石

黄木纹天然大理石板材为高档饰面材料，主要用于室内建筑装饰，如用做宾馆、展览馆、影剧院、商场、图书馆、机场、车站等大型公共建筑的室内墙面、柱面、地面、楼梯踏步等处的饰面材料，也可用于楼梯栏杆、服务台、门脸、墙裙、窗台板、踢脚板等。其物性特征见表4–13。

表4–13　黄木纹大理石物性特征

规格（mm）	可定	密度（kg/cm^3）	2.6
抗压强度（MPa）	117	抗弯强度（MPa）	11.7
吸水率（%）	/	莫氏硬度	3
适用范围	外墙、内墙、地面、其他	光泽度（GU）	
硬度		杂质	无

（四）黄金天龙——安徽

黄金天龙大理石，产于安徽。岩性为重结晶的条带状结晶灰岩。底色呈黄色，纹路金黄色，层理清晰，色泽光亮，气质典雅，材质细腻。结构紧密、强度高、裂纹较少，是目前市场上品质及档次较高的石材品种（图4-31）。

黄金天龙板材色彩斑斓，花纹无一相同，这正是黄金天龙板材名贵的魅力所在。

图4-31　黄金天龙大理石

广泛应用于公共建筑、别墅、豪宅、星级酒店、会所等建筑装饰，高贵典雅，具有皇家宫廷的奢华，深受国内外用户的青睐。其物性特征见表4-14。

表4-14　黄金天龙大理石物性特征

规格（mm）	可定	密度（kg/cm^3）	2.7
抗压强度（MPa）	85	抗弯强度（MPa）	8
吸水率（%）	/	莫氏硬度	3
适用范围	外墙、内墙、地面、其他	光泽度（GU）	80
硬度		杂质	无

（五）安琪米黄——湖北

安琪米黄大理石，产于湖北。底色呈黄色，纹路金黄色，是国产米黄类大理石量大、稳定性好的典范。质地坚硬，光亮如玉，色差小，白底红线的主基调外加如玉的质感，有一种高贵典雅的气息（图4-32）。

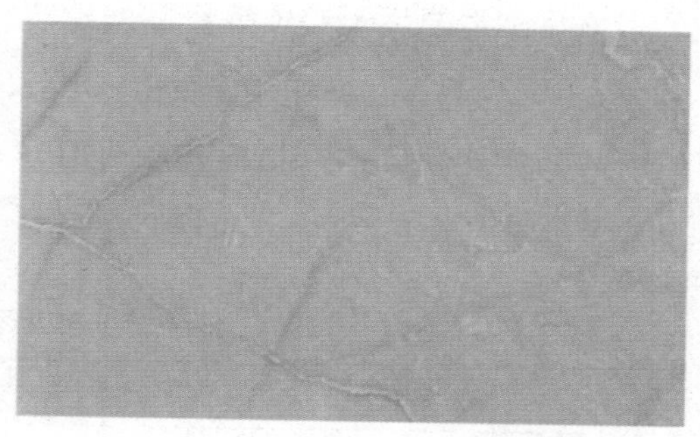

图4-32　安琪米黄大理石

安琪米黄的主要产地在中国湖北省恩施州咸丰县朝阳寺镇境内，矿山离涪陵码头约150 km，矿山开采方式为山坡露天金刚石绳锯开采，矿石资源储量相当丰富。

主要用于建筑装饰等级要求高的建

筑物，如纪念性建筑、宾馆、展览馆、影剧院、商场、图书馆、机场、车站等大型公共建筑的室内墙面、柱面、地面、楼梯踏步等处的饰面材料，也可用于楼梯栏杆、服务台、门脸、墙裙、窗台板、踢脚板等。其物性特征见表4-15。

该品种矿产资源相对而言比较稳定，同一矿口其颜色、晶体、花纹比较统一。

表4-15　安琪米黄大理石物性特征

规格（mm）	可定	密度（kg/cm^3）	2.8
抗压强度（MPa）	170.4	抗弯强度（MPa）	17.9
吸水率（%）	0.05	莫氏硬度	3
适用范围	外墙、内墙、地面、其他	光泽度（GU）	85~95
硬度		杂质	无

（六）雅典灰——贵州

雅典灰大理石产于贵州。岩性为条带状微晶灰岩，底色呈灰色，纹路灰褐色，色差小，光亮典雅（图4-33），质地坚硬，材质稳定，同一矿口的颜色、晶体、花纹比较统一。

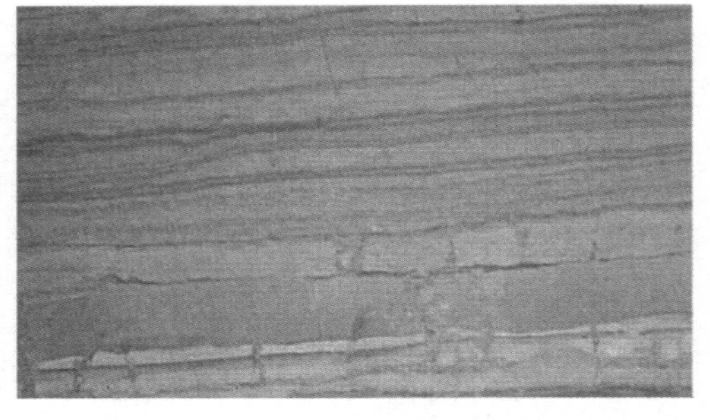

图4-33　雅典灰大理石

该品种主要用于装饰等级高的建筑物，如纪念性建筑、宾馆、展览馆、影剧院、商场、图书馆、机场、车站等大型公共建筑的室内墙面、柱面、地面、楼梯踏步等，也可用于楼梯栏杆、服务台、门脸、墙裙、窗台板、踢脚板等。其物性特征见表4-16。

表4-16　雅典灰大理石物性特征

规格（mm）	可定	密度（kg/cm^3）	2.67
抗压强度（MPa）	97.5	抗弯强度（MPa）	9.85
吸水率（%）	/	莫氏硬度	3
适用范围	外墙、内墙、地面、其他	光泽度（GU）	/
硬度		杂质	无

（七）黑白根——湖北、广西

黑白根大理石产于广西、湖北，以广西为主。岩石为泥晶灰岩，呈碎裂状结构，并被后期方解石脉胶结。呈黑色致密块状，带有白色筋络（图4–34）。广西桂林生产的黑白根大理石，底色黑，光度好，花纹白，耐久性、抗冻性、耐磨性、硬度在质量指标上达到国际标准，放射性指标符合国家A类标准，对人体无辐射，对环境无污染。

黑白根是现代高档建筑装饰的最佳产品，主要用于室内建筑装饰，如宾馆、展览馆、影剧院、商场、图书馆、机场、车站等大型公共建筑的室内墙面、构件等。其物性特征见表4–17。

图4–34　黑白根大理石

表4–17　黑白根大理石物性特征

规格（mm）	可定	密度（kg/cm^3）	2.69
抗压强度（MPa）	205.4	抗弯强度（MPa）	14.8
吸水率（%）	0.17	莫氏硬度	3
适用范围	外墙、地面、内墙、其他	光泽度（GU）	/
硬度		杂质	无

（八）都市灰——广西

都市灰大理石产于广西。岩性为含生物屑或竹叶状泥晶灰岩，呈褐色致密结构，带有深灰色板条（图4–35），色泽大方。耐久性、抗冻性、耐磨性、硬度质量指标达国际标准，放射性指标符合国家A类标准，对人体无辐射，对环境无污染，

图4–35　都市灰大理石

产品达到出口标准。

该品种主要用于室内建筑装饰，如宾馆、展览馆、影剧院、商场、图书馆、机场、车站等大型公共建筑的室内墙面、构件等。

（九）古木纹——江西

古木纹大理石，产于江西上饶。岩性为条带状泥晶灰岩，结构致密，黑色、白色、灰色波浪状条带相间（图4-36）。岩石质地细腻，纹理清晰，表面光滑，硬度适中，适合高档装饰。

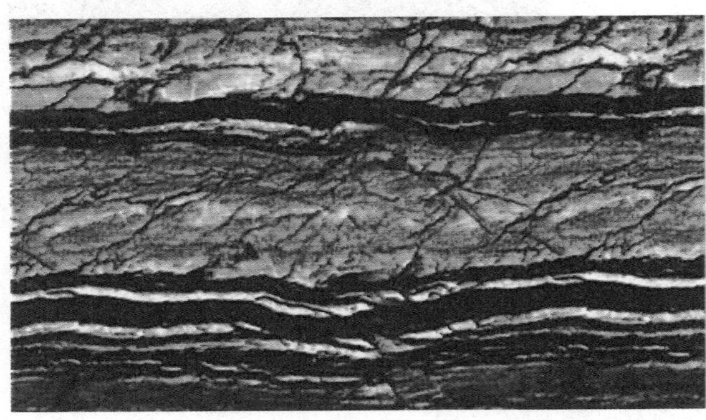
图4-36　古木纹大理石

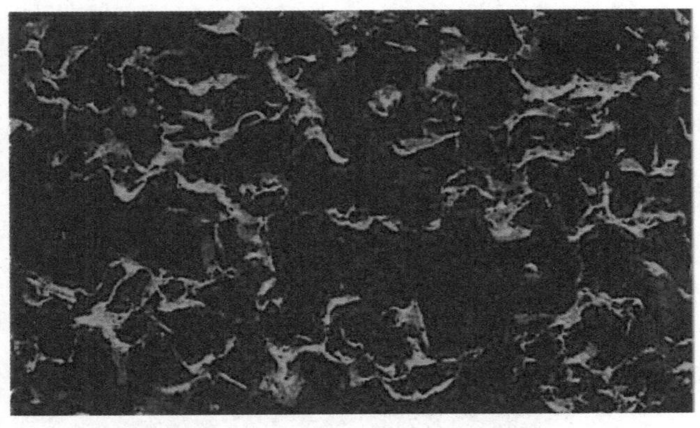
图4-37　黑金花大理石

古木纹大理石板材为高档饰面材料，主要用于建筑装饰等级要求高的建筑物，如纪念性建筑、宾馆、展览馆、影剧院、商场、图书馆、机场、车站等大型公共建筑的室内墙面、柱面、地面、楼梯踏步等处的饰面材料，也可用于楼梯栏杆、服务台、门脸、墙裙、窗台板、踢脚板等。著名建筑——北京长安街上的国家大剧院使用了古木纹作为部分楼梯踏步和地面，古朴庄重。

（十）国产黑金花——安徽、山东

国产黑金花大理石产于安徽、山东。岩石为含黄铁矿泥晶灰岩，底为黑色，具咖啡色纹路，美丽大方，质感柔和，美观庄重，格调高雅（图4-37），光亮典雅，结构致密，质地坚硬，有较高的抗压强度和良好的物理化学性能，资源分布广泛，易于加工，为非常名贵的石材品种之一，是装饰豪华建筑的理想材料，也是艺术雕刻的传统材料。

黑金花主要用于室内墙面和地面的装饰。一般加工成各种形材、板材，用于建筑物的墙面、地面、台、柱、电视机台面、窗台、门套、石柱、壁炉等，还常用于纪念性建筑物如碑、塔、雕像等。还可以雕刻成工艺美术品、文具、灯具、器皿等实用艺术品。其物性特征见表4-18。

表4-18　黑金花大理石物性特征

规格（mm）	可定	密度（kg/cm^3）	2.59
抗压强度（MPa）	97.8	抗弯强度（MPa）	11.2
吸水率（%）	0.13	莫氏硬度	3
适用范围	外墙、地面、内墙、其他	光泽度（GU）	/
硬度		杂质	无

中国传统名贵石材品种

除以上介绍的我国著名的石材品种外，我国传统的名贵石材品种在建筑装饰中仍然发挥着不可替代的作用。这里择其主要品种简介如下：

一、花岗石

（一）中国红——四川

中国红，亦称芦山红，属于岩浆型酸性岩红色花岗石，是高档花岗石矿床类型，位于四川省芦山县境内。矿石类型单一，均为红色中—粗粒花岗结构，少数具有嵌晶结构和块状构造。矿石的物理性质：抗压强度91.0～97 MPa、抗剪强度26～26.7 MPa、肖氏硬度66°～78°、光泽度92°～97°。

花岗石颜色纯正、色斑色线等甚少，作装饰石材可拼性好（图4-38）；矿石加工技术性能良好、出材率高。

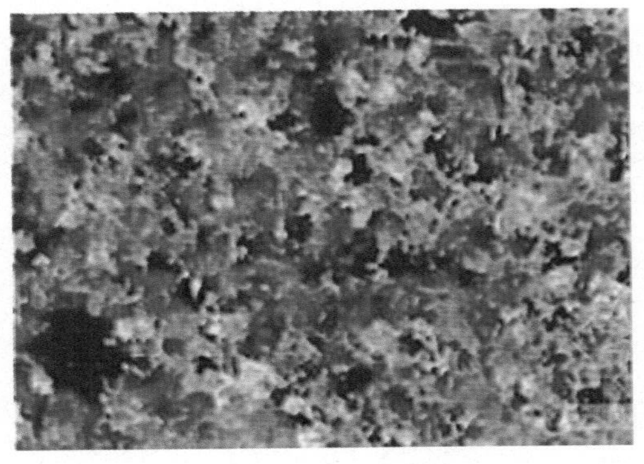

图4-38 中国红

（二）岑溪红——广西

岑溪红产于广西壮族自治区岑溪市，属花岗岩石材中的红色系列，而且具有岑溪特色，而称之为岑溪红。“岑溪红”经过打磨，具有更加明亮、滋润、鲜艳夺目的光泽（图4-39）。其天生丽质，色泽柔和鲜艳，结构紧密，质地坚硬，耐酸碱，加工性能好，光洁度高，可与“印度红”“巴西红”“皇妃红”等世界石材名品相媲美。

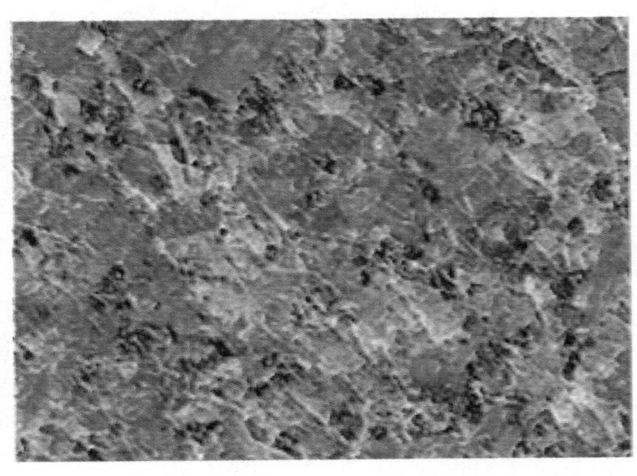

图4-39 岑溪红

该石材以产于岑溪市三堡镇的花岗岩材质最为上乘，储量最丰富。故又把产于三堡镇的花岗岩称之为“三堡红”。岑溪市多个镇都有花岗岩的开采和加工。如糯垌镇、岑城镇、马路镇等。产品经过深加工，然后出口，主要销往欧美等发达国家以及国内经济较发达地区。也有原材方石直接出口到广东等地再进行深加工。

花岗岩在岑溪储量极为丰富，达21亿m^3，经过多年的开采和加工，现在能生产各种规格的板材、异形材、工艺品，是全国最大的花岗岩生产基地之一。2006年10月，岑溪市被中国石材工业协会授予“中国花岗岩之都”称号。

（三）鄯善红——新疆

鄯善红花岗石，产于新疆维吾尔自治区鄯善县，主要分布在县域南部矿区，整个矿区面积700多平方千米，已探明资源储量4 000万m^3，预测储量达20亿m^3，拥有世界上罕见的红色系列巨型整体矿山“鄯善红”和灰色系列巨型花岗岩整体矿山“雪莲花”，其中鄯善红花岗石储量49万m^3，年开采量为6万m^3。

鄯善红花岗石色泽纯正、艳丽，光洁度高，结构紧密、细腻，花色均一（图

4-40），装饰效果优雅、美观，因其独特而无可替代的品质深受消费者喜爱。其放射性属A类标准，适用范围不受任何限制，被国家建筑装饰装修协会确认为“无毒害”（绿色）室内装修材料。

图4-40 郬善红

（四）福鼎黑——福建

福鼎黑，岩石学名称为玄武岩，因它产于福建省福鼎市白琳镇大嶂山的太姥山西北麓，故被称为福鼎黑。福鼎黑属于低辐射环保型产品，且质量上乘、价位适中。福建省福鼎市白琳大嶂山的玄武岩储存量有50亿m^3，矿石裸露地表，呈墨黑色、色调凝重高雅，是国内罕见的高级建筑板材（图4-41）。其主要物理指标如下：摩氏硬度为6.5~7.0；肖氏硬度为平均89°；抗压强度为279~327 MPa；抗剪强度为67 MPa；抗折强度为221.3 MPa；密度为2.68 g/cm^3；吸水率为0.19%；耐酸度为99.93°；耐碱度为99.96°。

图4-41 福鼎黑

（五）济南青——山东

山东济南青属黑色花岗石系列，岩石名称为辉长岩。地表露头北有鹊山；西有药山、粟山、匡山；东有卧牛山、光光顶、驴山；南有翅山、砚池山。岩体呈北东向延长，长约27 km，平均宽约10 km，岩体总面积270 km^2，地表露头部分约占岩体总面积的3%。

岩石新鲜面为暗灰色和黑灰色，风化后表面为褐红色，矿物粒度以中—中粗粒为主；辉长、辉绿结构；块状构造、条带状构造、似斑状构造。矿石的物理性质：抗压强度为257.0 MPa、抗折强度为36.7 MPa、肖氏硬度为79.8°、密度为3.07 g/cm^3。

济南青花岗石颜色呈灰黑—黑色，装饰效果好，属于高档黑色系列花岗石（图4–42），可用于装饰板材、精密测量仪器用平台。

图4–42　济南青

（六）天山蓝——新疆

天山蓝位于新疆温宿县境内，矿山位于托木尔峰下。天山蓝的品质可以和进口优质花岗石相媲美，这是全国石材专家所公认的事实。天山蓝花岗石，结构致密、质地坚硬、耐酸碱、耐气候性好，可以在室外长期使用。花色均匀，装饰性能好（图4–43）。该花岗岩的特性优点还包括高承载性，抗压能力及很好的研磨延展性，是高档石材品种。其主要物理性能指标如下：肖氏硬度平均106°；抗压强度为210 MPa；抗折强度为19.2 MPa；密度为2.62 g/cm^3；吸水率为0.22%。

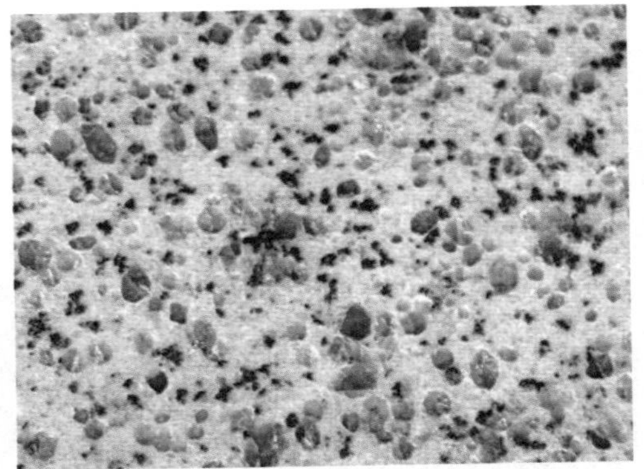

图4–43　天山蓝

（七）崂山灰——山东

为中粗粒黑云花岗岩，质量稳定、色泽协调，结构均一，质地坚硬，无裂纹杂斑，光泽度可达95以上。经装饰的建筑物更加光亮明快（图4–44）。产品大部分销往日本等国家。比重：2.8g/cm^3；抗压强度：159.7 MPa；抗弯强度：37.56 MPa；肖式硬度：112°～115°；吸水量：0.17%～0.20%；密度：2.65 g/cm^3。

图4–44　崂山灰

（八）鲁灰——山东

鲁灰产于山东省泗水、邹城一带，颜色均匀庄重（图4-45），无放射性，物理性能及化学成分良好，适用于楼房装饰及地面铺装，主要销往北京、天津、辽宁、大连、内蒙古、陕西、河北、上海、江苏、浙江、四川等地。鲁灰已用于奥运会鸟巢水立方周边地面铺装、团中央大楼外墙等许多建筑。

图4-45 鲁灰

二、大理岩

（一）房山汉白玉——北京

房山汉白玉产自北京房山，呈玉白色，略带有灰色的杂点和纹脉，石材白如雪，润如玉（图4-46）。

图4-46 块状汉白玉

关于汉白玉名称的由来，有3种说法：

其一，因为石材白色中有黄色“汗线”，所以叫汉白玉。

其二，汉白玉是一种建筑材料，它洁白无瑕，质地坚实而细腻，非常容易雕刻，古往今来的名贵建筑多采用它做原料（图4-47）。据传，我国从汉代起就用这种宛若美玉的材料修筑宫殿，装饰庙宇，雕刻佛像，点缀堂室，故名。

其三，在和田地区河床中所产的白石，洁白如雪，半透明，带有晶莹剔透的水色，人们就把这种白石称为“水白

图4-47 汉白玉建筑

玉”；而在北京市房山区，特别是在南尚乐的石窝村、高庄一带所产的白石，白而清润，质地纯而细密，磨光性、透光性都非常好，几乎与“水白玉”一样，因为产于北京西郊的山区，相对于产在河床中的“水白玉”来说，它就成了名副其实的“旱白玉”了。由于产地距我国历朝首都和古城北京的距离，都比水白玉近得多，因此在皇宫和各种殿堂的装饰建筑中，逐渐取代了“水白玉”的地位，成了中原大地建筑材料的主宰。后来，由于长时间的流传，人们在传诵中就把旱白玉的“旱”字误传成了汉朝的“汉”，成为今天的“汉白玉”。

汉白玉不仅是良好的建筑石材，也是用于雕刻等的上等材料。西方从古希腊时代就用白色大理石作为人像雕刻材料；中国古代用其制作宫殿中的石阶和护栏，所谓“玉砌朱栏”，华丽如玉。天安门前的华表、金水桥、故宫内的宫殿基座、石阶、护栏，都是用汉白玉制作的。在人民英雄纪念碑、人民大会堂、毛主席纪念堂等当代工程中，也有广泛应用。

1998年，国家建材局质量监测中心、中国石材协会评出83种新特石材，房山高庄汉白玉被评为1101号，人称“中国1号”。国内白色大理石有很多品种，如房山白、河南白、川白玉，但只有大石窝的汉白玉才是真正的汉白玉。

（二）国产雪花白——山东

国产雪花白产自山东莱州，颜色为雪白色带有淡灰色细纹（图4-48），但纹路分布不均，板面有较多黄色杂点。颗粒为均匀中晶颗粒，光度极好，能达120度。

雪花白由于质地细腻，光泽度高，在云石中属高档品种。主要应用于高档场所的内部装饰，如酒店大堂的旋梯、内墙饰面，与黑金花等高档品种配合制作旋梯，堪称点金之笔。

图4-48　雪花白大理石

（三）国产水晶白——四川、湖北、云南

水晶白产自四川、湖北、云南，呈

白色水晶状，质地细腻，光泽度高，属高档品种。有时颜色略暗，偏浅灰色系（图4-49）。不同产地的颗粒差异较大，有的直径2～3 mm，有的达5～6 mm。

水晶白主要应用于高档场所的内部装饰，如酒店大堂的内墙饰面。

图4-49 水晶白大理石

（四）云南大理苍山大理石

“大理石”名源于苍山大理，古有“点苍石”“醒酒石”等称谓，是制作墙基、客厅地板的面料。

白族民间称苍山大理石为“础石”，源于最初开采用于立柱的基石，所以“础石”之名沿用至今。大理三塔附近的“础石街”就是古代白族工匠们集中居住与加工础石的地方。苍山东坡白石溪上游则是白族先民开发大理石最早的矿山，海拔可至3 100 m。

苍山大理石以石质细腻、纹饰美丽而蜚声中外，主要产在苍山东坡中元古代变质岩中，另外在苍山西坡由晚三叠世地层组成的中浅变质体内，亦有较好的大理石矿床，以新发现的漾濞县彩花石矿床为代表。

苍山大理石按照工艺（商品）类型有云灰（素花）、彩花（含水墨花）、汉白玉（苍白玉）3种类型，以云灰矿石为主，彩花、汉白玉次之。商品工艺价值以彩花石为高，尤其是其中的水墨花大理石最名贵，著名的“美猴王出世”就是其中的精品之一。

云灰大理石（图4-50）的花纹以灰白相间的丰富图案而极富装饰性，有的像水的波纹，常见的天然图案有“水波荡漾”“水天相连”“烟波浩渺”“惊涛骇浪”等，它们是一幅自然天成的原石经打

图4-50 云灰大理石

磨抛光后显现的图案，妙不可言，以至成为大理地区“石文化”的标志。

（五）艾叶青——北京

艾叶青大理石产自北京郊区周口店一带及房山石窝村一带，主要是青灰底色，也有灰白底者，带叶状斑纹，间有片状纹缕（图4-51）。其结构细—中粒，均匀细致，可与汉白玉媲美。抛光后油光发亮，给人以“淡青”之感，犹如“艾叶”，故自古有“艾叶青”之称，是很著名的彩石，可用于室内墙面、台面板、室外墙面、室外地面装饰。人民大会堂门前大石柱即为艾叶青所饰。

图4-51　艾叶青大理石

（六）莱阳黑、莱阳绿——山东

莱阳黑、莱阳绿产自山东莱阳。莱阳黑也叫莱阳墨，为黑灰底色，间有黑色斑纹和灰白色斑点，呈细粒结构，颗粒均匀（图4-52）。莱阳绿主要是灰白底色或浅绿白底色，带绿色或深草绿色斑纹和斑点（图4-53）。莱阳大理石花纹清丽、色彩多样、石质优良、储量丰富，主要用于建筑装饰板材，也进行石雕加工。

莱阳的大理石发现并使用于明代后期，因其质地细腻，条纹华丽，被视为宝物，称其为“文石”。到了清代，嵯峨山后的江旺庄村开始大量出产大理石，并形

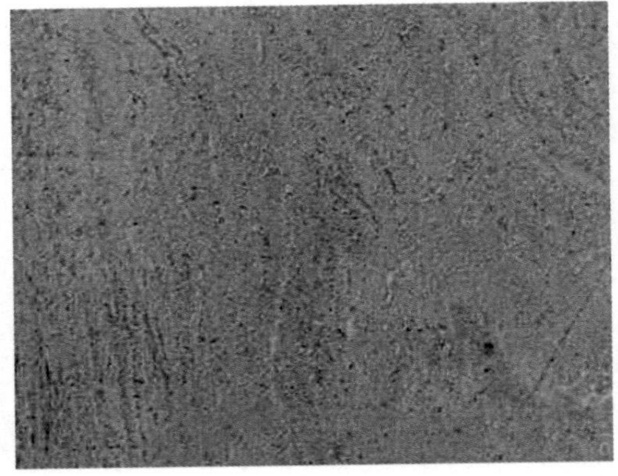

图4-52　莱阳黑大理石

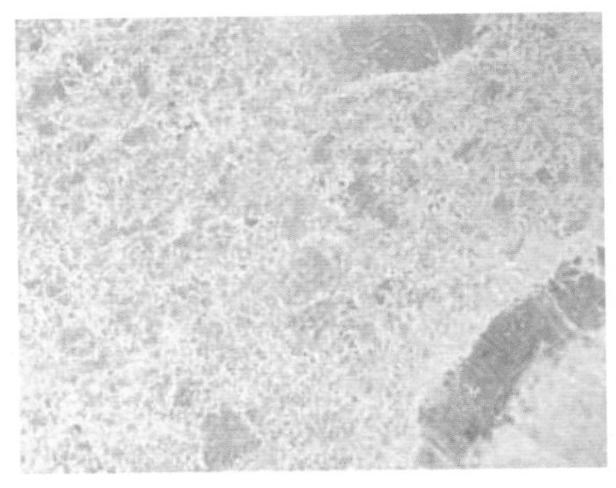

图4-53　莱阳绿大理石

成产业，主要制品是石臼、石磨、碌碡、门枕、阶石、墓碑、石雕和牌坊等。清代中后期，莱阳大理石逐渐为外界所知，在北方享有盛誉，并多次被朝廷征用。

清代“莱阳七十二牌坊”在北方闻名遐迩，成了莱阳城的标志性建筑群。它们几乎都是用莱阳大理石所雕凿，一座座精雕细琢、美轮美奂的石牌坊遍布城市街道，使整个城市变成了一个大理石雕刻的“博物馆”。

1958年，“莱阳绿”“莱阳黑”大理石参加了俄罗斯世界博览会，一举夺得了世界金奖，被评选为世界六大石材之一。1959年，北京修建人民大会堂等“十大建筑”，调用了莱阳数万立方米大理石板材。1978年改革开放以后，莱阳的大理石开采、加工、销售规模越来越大，大小企业数百家。大理石生产成为莱阳的重要产业之一。大理石矿全部采用机械作业，采深100余米。深部所采大理石质量更佳。

（七）墨玉——贵州、广西、湖北

墨玉大理石，岩石名称为含黄铁矿泥晶灰岩，通体黑色，点缀以金黄色条纹，颗粒细小均匀，色彩大方古朴，典雅庄重（图4-54）。贵州、广西、湖北、河北都有出产。主要加工成各种形材、板材，作建筑物的墙面、地面、台、柱，还常用于纪念性建筑物，如碑、塔、雕像等。还可以雕刻成文具、灯具、器皿等实用艺术品。

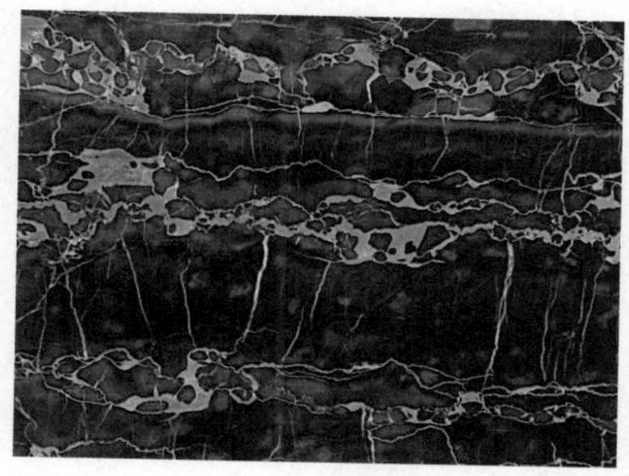

图4-54　墨玉大理石

（八）丹东绿——辽宁

丹东绿大理石又称丹东玉，呈冻质，硬度和寿山石接近。岩性为蛇纹石化矽卡岩，颜色为葱叶绿，色彩斑斓，色调多样（图4-55），分浅绿、中绿、深绿，

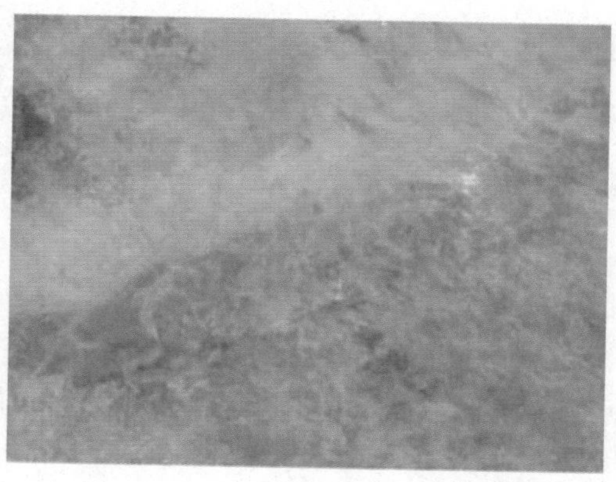

图4-55　丹东绿大理石

花纹无一相同。板材表面光泽度的高低会极大影响装饰效果。优质大理石板材的抛光面应具有镜面光泽，能清晰地映出景物。丹东绿大理石对人体具有相当好的疗养作用，是目前大理石矿中唯一具有功能性的高档石材，产品已被全国和世界许多国家及地区所采用，倍受人们的青睐。

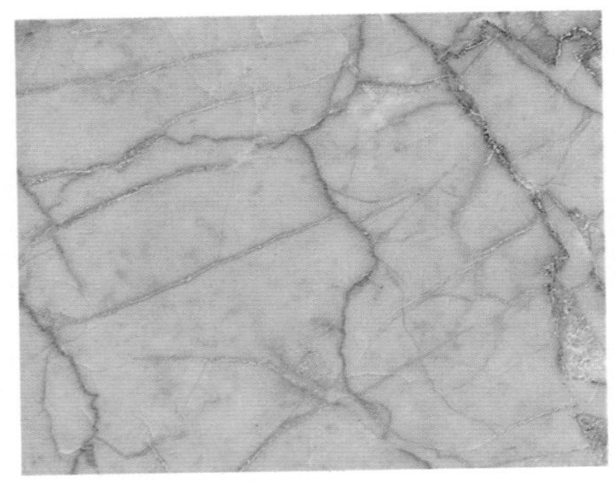
图4-56 红奶油大理石

（九）红奶油、青奶油——江苏宜兴

红奶油、青奶油产自江苏宜兴。红奶油大理石呈红褐色，带有红色筋线（4-56）；青奶油大理石呈暗乳白底色，带有青色筋线（4-57）。岩性为结晶灰岩，细晶结构，块状构造。其结构细腻、光洁亮丽，岩性为石灰岩，主要用于装饰等级高的建筑物，如纪念性建筑、宾馆、展览馆、影剧院、商场、图书馆、机场、车站等大型公共建筑的室内墙面、柱面、地面、楼梯踏步等，也可用于楼梯栏杆、服务台、门脸、墙裙、窗台板、踢脚板等。

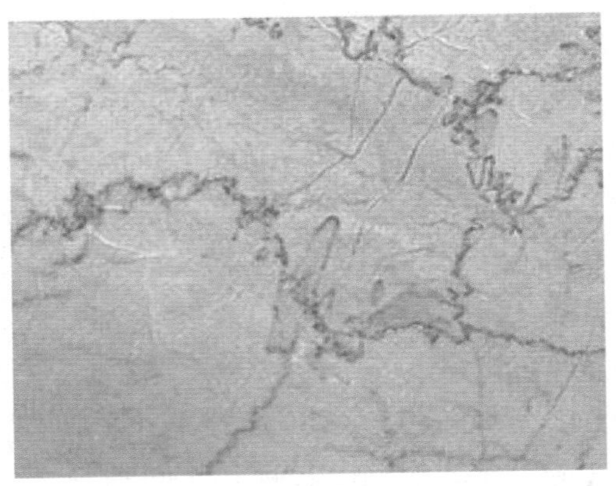
图4-57 青奶油大理石

（十）杭灰大理石——浙江

杭灰产自浙江，岩性为泥晶灰岩，颗粒细密均匀，一般为碎裂状构造，并为后期方解石脉胶结。为深褐灰、黑灰底色，带有黑灰色斑点，白色细纹密布，带有红

图4-58 红筋杭灰

色或白色粗筋，色泽一致，光泽度高。根据筋线颜色可分为红筋杭灰（图4-58）和白筋杭灰（图4-59）。杭灰大理石属于国家A级产品，适用于室内装饰，外墙干挂。

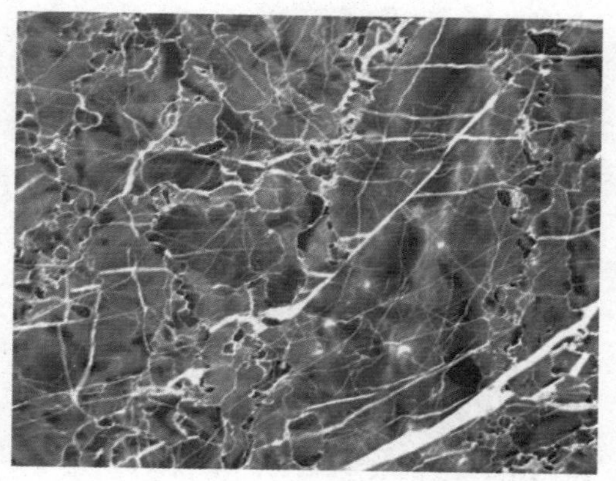

图4-59 白筋杭灰

（十一）宝兴白——四川

宝兴白也叫四川汉白玉，产自四川宝兴，为纯白色或象牙色（图4-60），中细粒状结构，纯净度较高，透光性高，质地细腻、抗折性强、硬度大。

图4-60 宝兴白大理石

宝兴大理石矿床连绵42 km，地质储量21亿m^3，可采储量17亿m^3，储量丰富，出材率高，碳酸钙平均含量99%以上，天然白度大于95°，几乎不含有毒有害物质，被评定为“罕见的优质大理石矿”，与意大利“卡拉拉白”共同享有“天下第一白”的美誉。

（十二）青花白——四川

青花白大理石产自四川雅安地区宝兴县境内，为条纹、条带状大理岩（图4-61）。细条纹条带集中分布的部分，矿物粒度较细，碳质、云母和石英等含量相对较多；非条纹条带部分，矿物粒度较粗，杂质较少。根据花纹可分为中花白，细花白。青花白大理石中不规则的浅灰、深灰色条纹条带，可形成犹如天然山水的

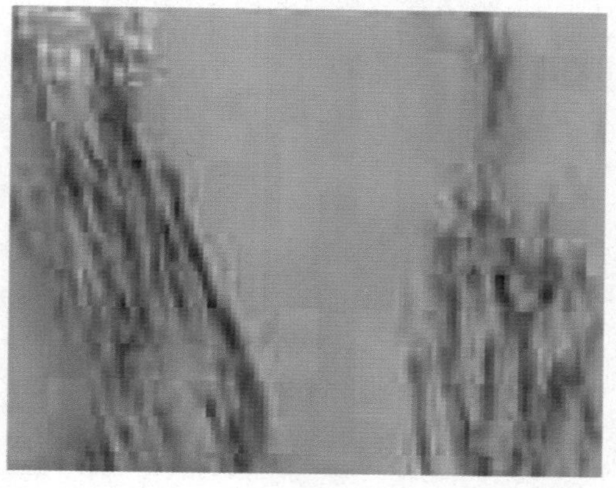

图4-61 青花白大理石

画卷，成为珍贵的艺术品。

该矿床产于前震旦纪盐井群锅巴岩组地层中，中部多为纯白色大理岩，其上下是条纹条带状大理岩。“青花白”大理石同“宝兴白”大理石共生，主要产于“宝兴白”大理石之上、下。矿体东起芦山县大川镇黄水河上游，西至宝兴县陇东镇西南，延长数十千米。

（十三）白海棠大理石——云南

白海棠大理石，亦称海棠花，为方解石大理石，颗粒细小致密，底色为米白色，板面密布灰色，浮现米黄色曲条形花纹，白色硅线明显，色泽细嫩。适合于居室、酒店大堂等装饰（图4-62）。

在1998年泉州首届“中国名特石材品种”评比中，云南陆良“白海棠”和北京房山高庄“汉白玉”、山东莱州“雪花白”、四川宝兴“宝兴白”“青花白”、四川小金山“蜀金白”、云南河口“雪花白”等7个品种，被评为白色系列大理石名特品种。

（十四）松香黄大理石——河南

该类大理石产于河南淅川县。是大理石类中的一种特有的石种，其外呈金黄色，光泽鲜艳夺目，条纹走向清楚明了，花色自然纯真、立体（图4-63），是加工工艺品的首选良材。因其独特的色彩，特别是与中国五千年的传统文化十分贴切，得到了中外客商的青睐，它的色彩与人们潜意识中的吉祥、富足、权力和长寿完全吻合，所以人们对用它加工出来的工艺品爱不释手。因其芳香与松子味很接近但又有其特有的诱人香味而得“松香”之名。可以说，用其加工出来的工艺品是一道“色、香、味”俱全的“佳肴”。

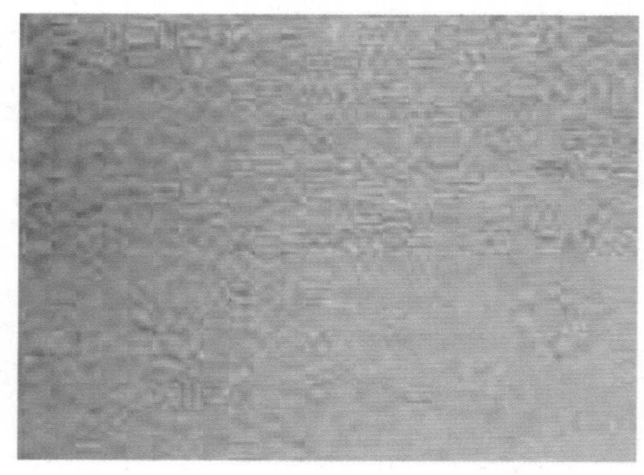

图4-62　白海棠大理石

图4-63　松香黄

Part 5 山东石材掠影

山东是我国石材大省，不仅品种多、储量大、品质优、分布广，且开发历史悠久，在全国石材工业中占据着重要的一席。全省石材品种160种，其中花岗石125种，大理石37种。已查明花岗石总储量超过280亿m^3，大理石总储量30多亿m^3。

山东石材概况

山东省石材资源具有品种多、储量大、品质优、分布广等特点，储量和品种在全国位列前茅。全省石材品种160余种，其中花岗石125种，大理石37种。已查明花岗石总储量超过280亿m^3，大理石总储量30多亿m^3。已发现的石材品种丰富，分为红、白、黑、绿、灰、花6个系列。其中：花岗石红色系列有将军红、石岛红、柳埠红等；白色系列有文登白、平度白等；黑色系列有济南青、莱芜黑等；绿色系列有孔雀绿、芙蓉绿等；灰色系列有崂山灰、鲁灰等；花色系列有樱花红、珍珠花、五莲花等。大理石白色系列有雪花白等；绿色系列有莱阳绿、栖霞绿等。山东省石材矿床分布如图5-1所示。

一、山东石材基地

山东石材开发历史悠久，已有50多个县、市开发了石材矿山。现有大理石矿山约40个，花岗石矿山300多个。经过多年的开发，主要形成了6大石材矿山基地，分别为：（1）以济南青、柳埠红、章丘灰、蓝宝星、黑金花、万山红、木纹石为主要品种的济南石材基地，包括济南市郊区的大部分山区；（2）以泰山花、泰山绿、泰山青、泰山青白粒为主要品种的泰安石材基地；（3）以樱花红、泽山红、蓬莱花、黑白花、雪花白、莱阳绿、条灰等为主要品种的莱州石材基地；（4）以乳山花、乳山灰、乳山青、文登红、文登白及石岛红等为主要品种的胶东石材基地；（5）以五莲花、五莲红、大石花、平邑黑、齐鲁红、鲁灰、锈石、沂水红、莒南紫砂岩等为主要品种的鲁东南石材基地；（6）被誉为“中国石雕之乡”的嘉祥石材基地。

1. 济南石材基地

济南地区石材资源以济南市为中心，东至邹平县，西至长清市。该地区主要是

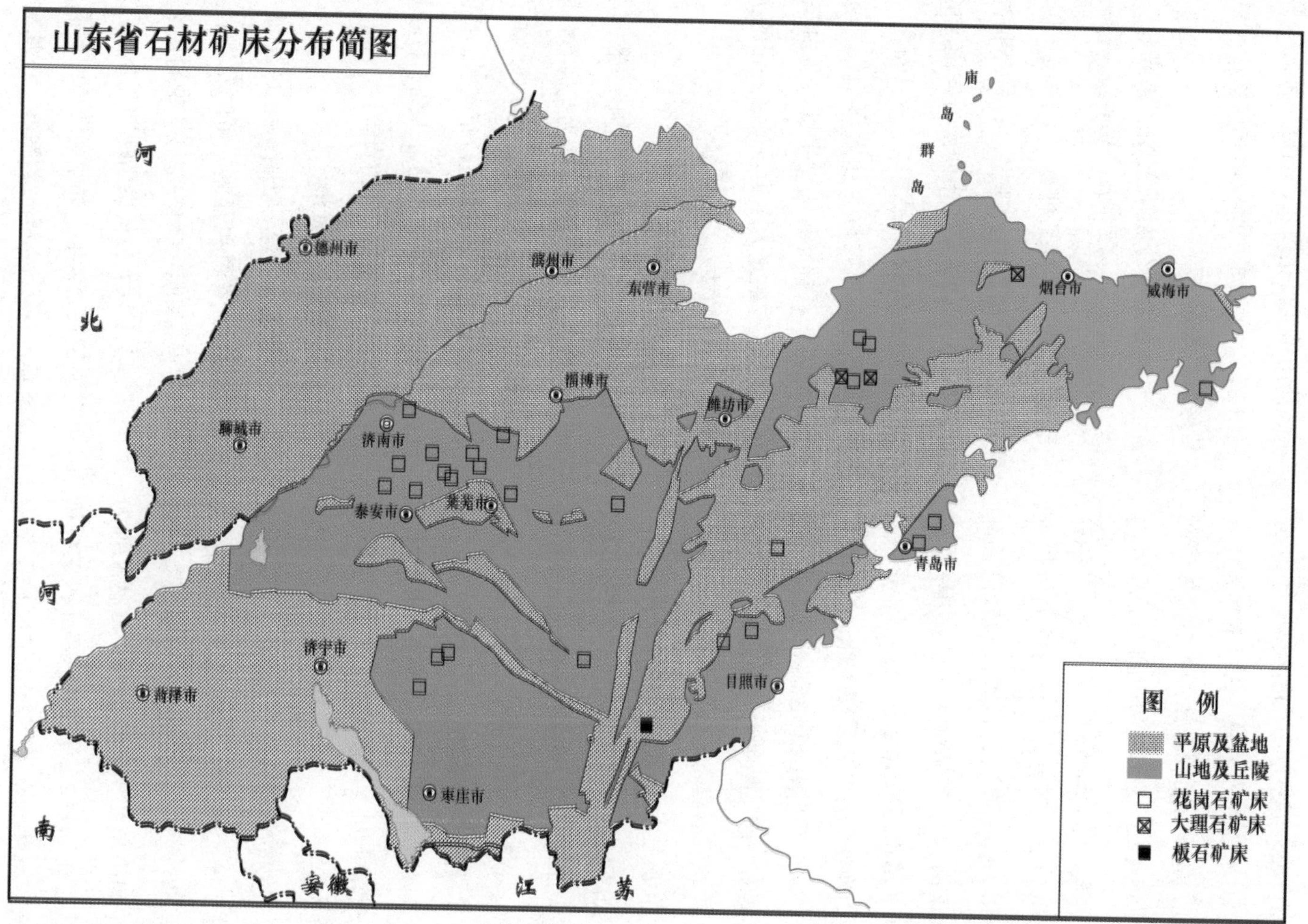

图5-1 山东省石材矿床分布简图

花岗石资源，可分为以下4种类型：（1）济南杂岩体和邹平杂岩体（包括章丘茶叶山岩体），是燕山晚期基性侵入岩，如济南北部的卧牛山、驴山、小山和章丘茶叶山的辉长岩。产品品种有“济南青”和“蓝宝星”；（2）济南柳埠镇南部的钾长花岗岩和二长花岗岩，含钾长石较高的深红色花岗岩，产品品种为“柳埠红”；（3）长清市万德镇的“鲁青红”，是太古代泰山晚期混合花岗岩侵入体，分布面积很大；（4）邹平南部杨家峪和任家峪一带的玄武岩，产品品种为“绿玉”。

2. 泰安石材基地

主要分布于泰安市泰山及其周边一带，如泰安市黄山、邱家庄、牛栏沟以及麻塔大津口等地，品种以泰山花、泰山青为主，岩性为花岗闪长岩。

3. 莱州石材基地

分布于莱州、莱阳、平度、招远和蓬莱一带，石材类型以花岗石为主，其次为大理石。

花岗石主要分布于大泽山一带，形成于燕山期，早、中、晚阶段均有产出。主要品种有：（1）莱州市柞村镇口子—清水庄的中粗粒黑云花岗岩，石材品种为“樱花红”；（2）平度市大泽山高家村花岗岩，石材品种为“泽山红”；（3）平度市大泽山镇北台花岗岩，石材品种为“平度白”；（4）蓬莱市圈柱山花岗岩，石材品种为“蓬莱花”。

大理石主要分布于莱州、莱阳、平度一带，形成于古元古代，为区域变质型大理石矿床。主要品种有：（1）莱州市南柞村镇黄山后的大理岩，石材品种为“雪花白”；（2）莱阳市西南方向出产的高旦山大理岩，石材品种为“莱阳绿”；（3）平度市东涧村北和大泽山镇一带的大理岩，石材品种为“平度雪花白”；（4）栖霞市东北大庄头乡侯家一带的大理石，石材品种为“栖霞绿”。

4. 胶东石材基地

分布于荣成、文登、乳山一带，以荣成为重点，石材类型主要为花岗石，形成时代为燕山期，早、中、晚阶段均有产出。主要岩石类型为中粗粒花岗岩，呈肉红色、鲜红色，块状构造。主要石材品种有石岛红、文登白、乳山青等。

5. 鲁东南石材基地

主要包括平邑-蒙阴-泗水-邹城一带的花岗石资源和五莲一带的花岗石资源。平邑-蒙阴-泗水-邹城一带的花岗石资源，主要以太古代泰山晚期混合花岗岩和花岗闪长岩为主，如平邑四海山的混合花岗岩，石材品种为“将军红”；其次为燕山期的混合花岗岩，如“齐鲁红”。邹城花岗闪长岩分布于邹城以东、泗水以南，呈灰白色，中细粒花岗结构、似斑状、半自形晶粒结构，块状构造、片麻状构造，石材品种为“鲁灰”。五莲一带的花岗石资源分布于五莲县以南的红泥崖、石场至街头镇王世疃一带，为燕山晚期侵入的花岗岩，石材品种有“五莲花”“五莲红”等。

6. 嘉祥石材基地

嘉祥县是中国石雕和石刻漫画发祥地之一，1996年3月被“中国特产之乡命名宣传活动组委会”定名为“中国石雕之乡”，是中国四大石雕之乡之一。嘉祥石雕艺术已有2000多年的历史，全县有200余家石雕厂，年产石雕制品几十余万件。如汉代武氏墓群石刻（又称武氏祠），位于嘉祥县城南15 km的武翟山北麓，建于公元147年汉桓帝建和元年，现在保存的有双阙，一对石狮，两方汉碑和四组零散的祠堂画像石等。

二、山东花岗石矿基本特征

1. 侵入岩型花岗石矿

（1）分布

山东侵入岩型花岗石矿广泛分布于鲁中南隆起、胶南造山带及胶北隆起区内。在鲁中南隆起区主要产于新太古代—新元古代侵入体中；在胶南造山带主要产于中生代及中—新元古代侵入体中；在胶北隆起区主要产于中生代侵入体中。此类型花岗石矿体规模大，大多呈岩基、岩株产出，部分呈岩墙、岩脉产出。

（2）花色品种

山东侵入岩型花岗石主要赋存于花岗岩—花岗闪长岩类、辉长岩—闪长岩类侵入岩中。

花岗岩—花岗闪长岩类主要石材品种有：柳埠红、石岛红、龙须红、平邑红、五莲红、五莲花、泰山红、胶南樱花、樱花红、宁阳白、崂山灰、锈石等。

辉长岩—闪长岩类主要石材品种有：济南青、莱芜黑、莱州青、乳山青、五莲灰、太河青、章丘墨玉、长白花、沂南青（中国蓝）等。

2. 火山岩型花岗石矿

火山岩型花岗石主要有玄武岩、安山（玢）岩等，花色品种有邹平绿玉、昌乐黑、即墨马山翠玉等，主要分布在鲁西地区的邹平、昌乐以及鲁东的即墨等地。

3. 变质型花岗石矿

（1）分布

区域变质型花岗石主要是指新太古代泰山岩群中遭受区域变质变形的长英质、角闪长英质等变质岩石，主要分布在鲁西地区的泰山、徂徕山、沂山等地。

（2）花色品种

该类花岗石主要有灰色、灰白色、灰黑色等块状及条纹—条带状变质岩石，主要花色品种有将军红、孔雀绿、泰山及徂徕山、蒙阴地区的海浪花、泗水条灰、曲阜条灰、莱芜小花、徂徕花等。

三、山东大理石矿的基本特征

山东大理石石材矿床按原岩成因可分为沉积变质型、接触交代型和沉积型3类。

1. 沉积变质型大理石矿

沉积变质型大理石矿主要分布在鲁东地区胶北隆起区的莱阳、莱州、平度、海阳以及胶南隆起区内的莒南、五莲等地。赋存层位为古元古代荆山群和粉子山群，主要花色品种有莱阳绿、莱阳黑、竹叶青、雪花白、莱阳红、条灰、云灰、海浪玉、翠绿、秋景玉等。

2. 接触交代型大理石矿

此类大理石矿分布局限，目前开发的矿山位于枣庄市峄城区关山口村一带，品种为关山玉，或称奶油、条灰等。

3. 沉积型大理石矿

已经开发利用的沉积型大理石矿，主要见于枣庄峄城区和临沂市兰陵等地，其岩石为寒武纪馒头组灰黑色中厚层灰岩、鲕粒灰岩及深灰色厚层豹皮状白云质灰岩。矿体呈层状，延伸稳定，长及宽可达数千米，厚几米至几十米。主要花色品种为黄金海岸、墨玉、隐花墨玉、黑金花等。其次产于济南平阴县和泰安东平县一带，其岩石类型为寒武纪炒米店组的中薄层青灰色灰岩。

四、山东板石矿的基本特征

山东以砂岩型板石为主，页岩型板石不发育。

山东砂岩主要为湖相沉积砂岩，赋存于白垩纪大盛群田家楼组地层中。颜色主要有红色、黄色、绿色、紫色、咖啡色、白色。除白砂岩和紫砂岩外，基本都带有纹路。矿层形态简单，矿物分布均匀，颗粒较粗，致密坚硬，但比较脆。节理不发育，完整性好，荒料率较高。可采储量约1亿m^3。

山东紫砂岩底色主要是紫色（图5-2），带细微的白色纹路，颜色均匀稳定，色调显得庄重富贵，纹理和谐，色差不大，其中少部分偏紫红色或浅褐色。产于莒南县的紫色砂岩，颗粒较粗，硬度较大，接近花岗岩的硬度。地处平原，开采条件好，能出大料，可进行几乎所有的表面加工，如磨光、亚光、荔枝、斧凿、喷沙、自然面等。基本都能切成1.2 m以上的大板，很多可加工成1 cm的薄板。主要用于墙面、地板、户外和园林装饰，也可用于外墙、幕墙的干挂装饰。

图5-2 山东紫砂岩

山东著名石材品种

一、主要花岗石品种及其特征

1. 石岛红（编号G3786，图5-3）

产于荣成市人和镇与靖海镇。岩石名称为钾长石花岗岩、黑云母花岗岩，呈中细粒-中粗粒花岗结构，块状构造，主要矿物成分为钾长石（62%～70%）、斜长石（15%～21%）、石英（20%～31%）。一般为肉红色、深橘红色，色调均匀，色泽鲜艳光亮，美观大方，镜面光泽度可达110° ～ 120° ，适用于大面积装饰，美观大方。1998年被

图5-3 石岛红花岗石

评为“中国名特石材品种”。

2. 龙须红（编号G3787，图5-4）

产于荣成市龙须岛。岩石名称为黑云母花岗岩，呈中粗粒花岗结构，块状构造。为浅肉红色，色泽均匀，适宜大面积装饰。1998年被评为“中国名特石材品种”。

图5-4　龙须红花岗石

3. 崂山灰（编号G3706，图5-5）

产于青岛市崂山区 中韩乡。为中粗粒黑云花岗岩，呈中粗粒花岗结构，块状构造，主要矿物成分为钾长石（55%~60%）、斜长石（15%~20%）、石英（20%~25%）。质量稳定，色泽协调，结构均一，质地坚硬，无裂纹杂斑，光泽度可达95°以上。经装饰的建筑物更加光亮明快。产品大部分销往日本等国家。1998年被评为“中国名特石材品种”。

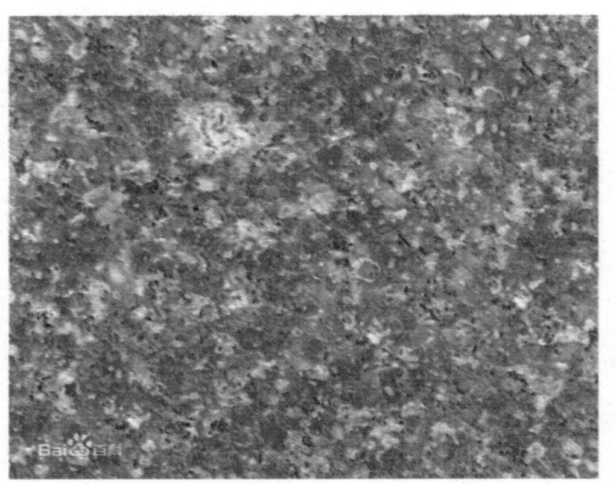
图5-5　崂山灰花岗石

4. 崂山红（编号G3709，图5-6）

产于青岛市崂山区中韩乡。为中粗粒黑云花岗岩，呈中粗粒花岗结构，块状构造，主要矿物成分为钾长石（55%~60%）、斜长石（15%~20%）、石英（20%~25%）。材质稳定，色泽协调，结构均一，质地坚硬，无裂纹杂斑，光泽度可达95°以上。经装饰的建筑物更显得光亮明快。产品大部分销往日本

图5-6　崂山红花岗石

等国家。

5. 将军红（编号G3752，图5-7）

产于平邑县城南35 km的临涧乡四海山。岩石名称为混合花岗岩，不等粒变晶结构，微片麻状构造。主要矿物微斜长石（60%）、斜长石（8%）、石英（25%）。暗肉红色一肉红色为基本色调，间有少量灰白色矿物。整体色调显得鲜艳而庄重，装饰美观，光泽度达100°以上。

图5-7　将军红花岗石

6. 樱花红（编号G3767，图5-8）

产于莱州市柞村镇日子—海北庄一带。岩石名称为中粗粒黑云花岗岩，中粗粒花岗结构，块状构造。主要矿物钾长石（30%~35%）、斜长石（15%）、石英（35%~40%）。矿石呈浅肉红色，板面似樱花盛开，颜色均匀，表面光滑，光泽度可达95°以上，深受日本、韩国等国欢迎。因块度大，板面大，适宜大面积装饰。1998年被评为“中国名特石材品种”。

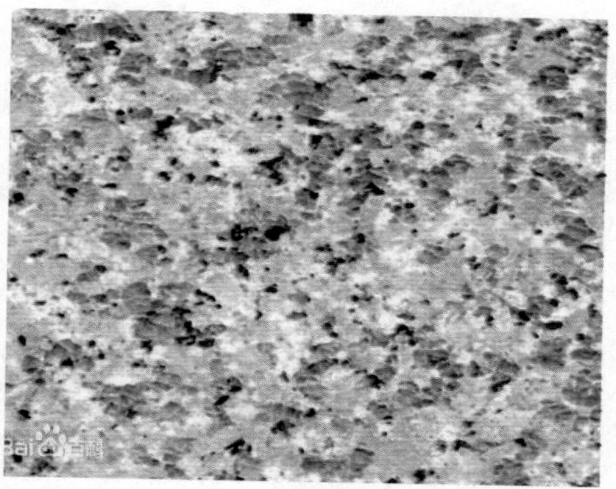

图5-8　樱花红花岗石

7. 平度白（又称晶白玉，编号G3755，图5-9）

产于平度市大泽山镇北台。岩石名称为中细粒黑云花岗岩，中细粒花岗结构，块状构造。主要矿物微斜长石（31.35%）、斜长石（41.97%）、石英（23.32%）。矿石致密坚硬，色泽均匀，各种物理性能良好。光泽度可达100°以上。

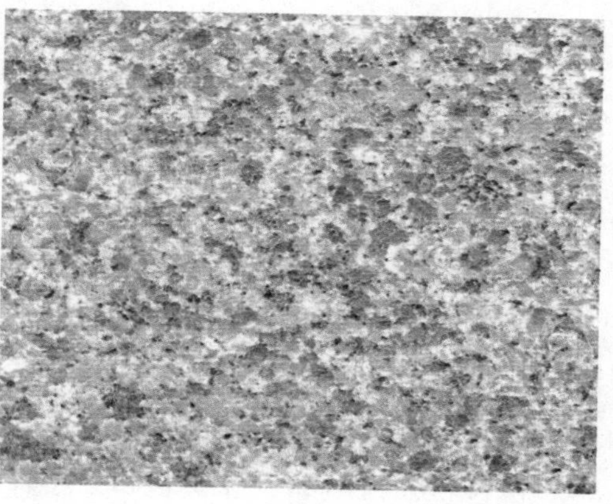

图5-9　平度白花岗石

8. 文登白（编号G3760，图5-10）

产于文登市葛家镇虎山口—虎山后一带。岩石名称为混合花岗岩，中粒结构，块状构造。主要矿物钾长石（25%~35%）、斜长石（25%~40%）、石英（30%~35%）。矿石为灰白色，矿物颗粒大小均匀，板面洁净明亮，镜面感强，朴素典雅，适于大面积装饰。于1998年被评为“中国名特石材品种”。该品种作为威海国际机场室内地面用材、威海国际会展中心室内地面用材、威海农商银行总部室外用材等众多工程，久经考验，至今光亮如新。

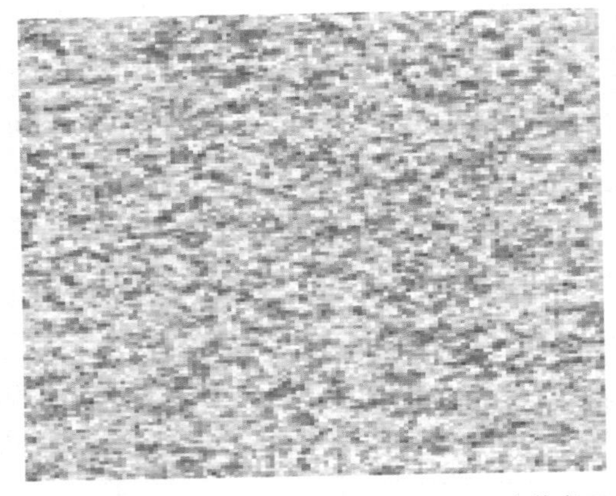
图5-10　文登白花岗石

9. 济南青（编号G3701，图5-11）

产于济南市东北的华山镇。岩石名称为橄榄辉长岩或橄榄苏长辉长岩，中细粒辉长结构，块状构造。主要矿物辉石（45%~50%）、基性斜长石（40%）、橄榄石（3%~5%）。为黑色，间有均匀的小白花，庄重大方，色泽均匀，结构致密坚硬。抛磨后表面光滑，镜面感甚强，光泽度100°~110°，产品驰名中外。

图5-11　济南青花岗石

10. 乳山青（原名乳山黑，编号G3770，图5-12）

产于乳山市城区南东22 km的宫家村北。岩石名称为中细粒辉长岩和细粒辉长岩，细粒-中细粒辉长结构，块状构

图5-12　乳山青花岗石

造。主要矿物辉石（50%~55%）、斜长石（30%~35%）、石英（3%）。为灰黑一深灰色，庄重、古朴、大方。

11. 五莲花（编号G3761，图5-13）

产于五莲县洪凝镇红泥涯村西南约1 km。岩石名称为含黑云二长花岗岩，中粗粒花岗结构、块状构造。主要矿物斜长石（26%）、钾微斜长石（32%）、石英（25%）。浅肉红色为基调，含少量灰白色、青灰色矿物相间点缀，分布均匀协调，整体色调鲜艳。加工后，平面光滑，光泽度90°以上，朴素、大方，块度大，适合于大面积装饰。

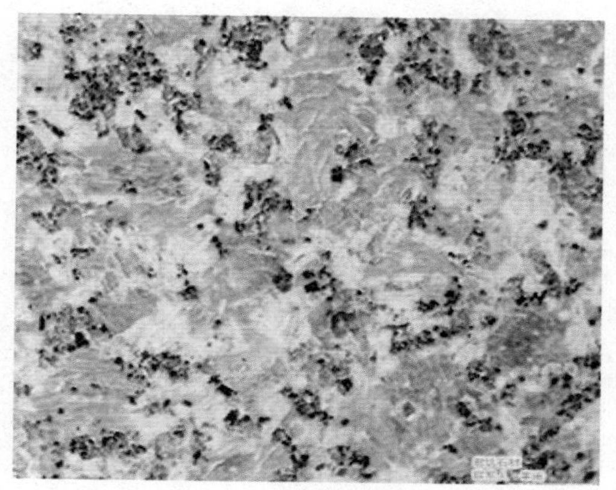

图5-13 五莲花花岗石

12. 五莲红（编号G3768，图5-14）

产于五莲县王世疃乡代吉子村以西，盘古城以东。岩石名称为中粗粒二长花岗岩，中粗粒花岗结构、块状构造。主要矿物斜长石（20%~25%）、钾长石（45%~50%）、石英（20%~25%）。以红色为主，白点和黑点镶嵌其中，色泽美观。不同矿体花色有细微差别，大体有大花、小花、中花3种。主要应用于高档酒店、会所、大厅室内地面铺装、楼面外墙干挂、异型石件。有五莲红高光板、火烧板、路沿石等各类建筑、园林用石材。

图5-14 五莲红花岗石

13. 莱州芝麻白（编号G3765，图5-15）

图5-15 莱州芝麻白花岗石

产于莱州市东南15 km柞村镇的黑皮山。岩石名称为中粒二长花岗岩，中粒粒状结构、块状构造。主要矿物钾长石（25.78%）、斜长石（47.08%）、石英（22.38%）、黑云母（4.70%）。基底为灰白色，镶嵌均匀的黑云母与浅色矿物斜长石、石英相间，形成岩石的黑白花纹，色调协调，质地优良。适宜大面积装修。1998年被评为“中国名特石材品种”。

14. 鲁灰（编号G3743）

产于泗水县西北、柘沟镇道士庄一带。岩石名称为花岗闪长岩，中粗粒变晶结构、块状构造。主要矿物钾长石（45%）、斜长石（25%）、石英（25%～30%）、黑云母（3%～5%）。颜色均匀庄重，朴素典雅、光泽度较高，无放射性，物理性能及化学成分良好，适用于楼房装饰及地面铺装（图5–16）。主要销往北京、天津、辽宁、大连、内蒙古、陕西、河北、上海、江苏、浙江、四川等地。

15. 泽山红（编号G3764，图5–17）

产于平度市大泽山镇高家村。岩性为黑云母花岗岩，中粗粒结构，块状构造。主要矿物钾长石（40%~50%）、斜长石（15%~21%）、石英（31%~35%）。为浅肉红色，质量稳定，色泽协调，结构均一，质地坚硬，无裂纹杂斑，磨光后，镜面光滑，光泽度95° 以上。

16. 柳埠红（编号G3751，图5–18）

图5–16　鲁灰花岗石

图5–17　泽山红花岗石

图5–18　柳埠红花岗石

产于济南市南柳埠镇于科村东侧及西台村。岩性为钾长花岗岩和二长花岗岩，中粗粒结构，块状构造。主要矿物钾长石（50%）、斜长石（15%）、石英（30%）。为深肉红色，中粗粒，结构致密，质地坚硬。被装饰的建筑呈现出豪华、庄重、雄伟的特色。广泛用于外墙和大厅地面装饰。

17. 万山红（又称长清花，编号G3790，图5-19）

产于济南市长清区武家庄，斜长石呈灰绿色，钾长石呈红色和粉红色，底色为暗肉红色，布以少量墨绿色杂斑。斑点分布较均匀，结构稳定。

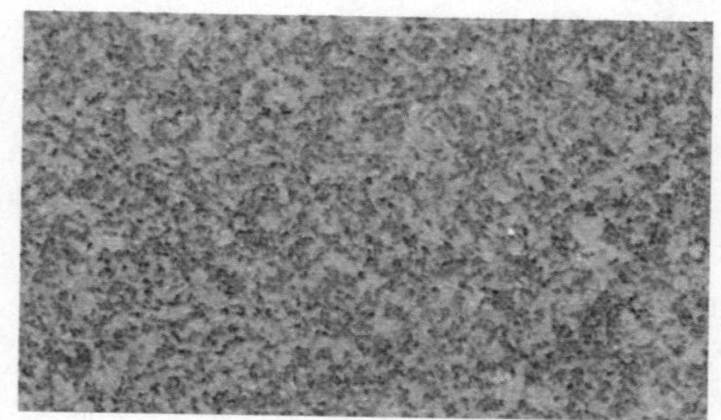

图5-19 万山红花岗石

18. 海浪花（编号G3777，图5-20）

产于蒙阴县桃曲。岩性为花岗质混合岩。基底呈浅灰色，具深灰色"海浪花"。质地坚硬，耐酸碱，耐腐蚀，耐高温，耐光照，耐冻，耐摩擦，耐久性好，外观色泽可保持百年以上。经磨光，光亮如镜，质感强。板面的神韵与色调似浪花一般，将大海和浪花的自然气息带到建筑空间中，让人感受到无比舒心。

图5-20 海浪花花岗石

19. 锈石

山东锈石（G3788，图5-21）主要以汶上地区最为出名，主要产品有黄锈石及白锈石，产品主要按颜色来命名。另外还有比如青苔锈、鸡屎锈、黄锈麻、粗点锈、细点锈、半头青、粉锈等其他品种。

图5-21 锈石

锈石主要以无臭点、无黑斑、多锈点、锈点清晰而且为深黄色锈点为质量上乘。优质的光面黄锈石被界内认为是外墙干挂的首选石种，烧面和荔枝面所加工成的地铺石、景观石是景观设计师喜爱的选择。锈石的台面板磨光后颜色显得尤为美观，彰显出豪华高贵，为广大欧美客户所青睐。

二、主要大理石品种及其特征

1. 莱阳绿（编号M3720，图5-22）

主要产于莱阳、海阳等地，命名地为莱阳市西南17km的高旦山。为黄绿色及深绿色，岩性为含金云母蛇纹石化大理岩，不等粒变晶结构，似条带状构造、斑点状构造等，主要矿物方解石（50%～75%）、白云石（0～15%）、蛇纹石（20%～40%）、透辉石（0～10%）。蛇纹石分布不均匀，形成竹叶状、豆瓣状、斑杂状、条纹状等各种形状的美丽花纹。“莱阳绿”是多年来深受国内外市场欢迎的品种，被它装饰的建筑物到处可见。

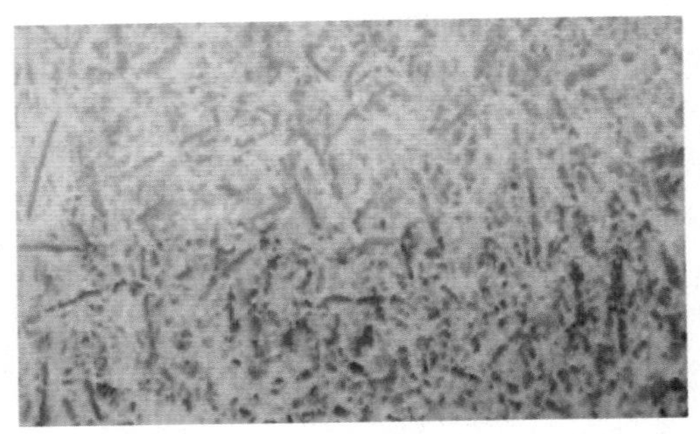

图5-22 莱阳绿大理石

2. 莱阳黑（图5-23）

主要产于莱阳，为灰黑色及黑色，岩性为含金云母蛇纹石化大理岩，不等粒变晶结构，斑点状构造。蛇纹石化析出的铁质呈粉点状或聚集成团块状，不均匀分布，与方解石形成黑白相间的条带状、条纹状、斑杂状和豹皮状等各种花纹，色泽庄重、典雅。

图5-23 莱阳黑大理石

莱阳黑一般与莱阳绿共生产出于同一个矿床内。

图5-24 莱州雪花白大理石

3. 莱州雪花白（编号M3711，图5-24）

主要产于莱州、平度、乳山、牟平等地，命名地为莱州市南柞村镇黄山后。纯白色，岩性为透闪石白云质大理岩，中细粒变晶结构，块状构造。主要矿物为白云石（60%~77%）、方解石（15%~25%）、透闪石（1%~15%），并含少量白云母、金云母等。抛光后似雪花，白如玉，光泽度达到90°以上，故名。

4. 条灰、云灰

主要产于莱州、平度等地，如平度市大田镇东涧村北等地。岩性为含微晶石墨条带状透闪大理岩，中细粒纤柱状花岗变晶结构，块状构造。主要矿物为方解石（85%~90%）、透闪石（10%~15%），少量微晶石墨。发育有明显的灰色、浅灰色和白色相间的条纹。垂直条纹为条灰；斜交条纹具有云彩般的花纹，称为云灰。云灰可拼成各种山水、云涛等图案（图5-25）。

5. 墨玉（图5-26）

为灰黑色厚层灰岩，含少量有机质及碎屑物和泥质物。经抛光后，色墨如漆，质润如玉，光鉴照明，故称之为墨玉。

6. 隐花墨玉

为深灰色—灰黑色厚层豹斑状白云质灰岩。豹斑含量约35%，呈深灰色—灰黑色，形成隐形花纹，故名为隐花墨玉。

墨玉和隐花墨玉大理石易于拼接，装饰效果好。

7. 山东黑金花（图5-27）：黑金花大理石，底为黑色，具咖啡色纹路，美丽大方，质感柔和，美观庄重，格调高雅，光亮典雅，结构致密，质地坚硬，有较高的抗压强度和良好的物理化学性能，资源分布广泛，易于加工，为非常名贵的石材品种之一，是装饰豪华建筑的理想材料，也是艺术雕刻的传统材料。

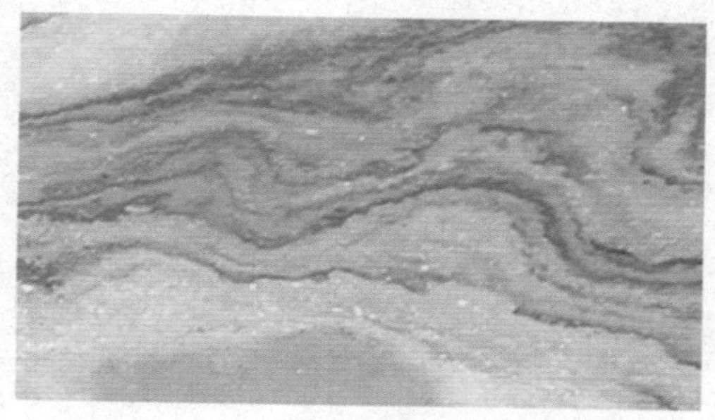

图5-25　平度云灰大理石

图5-26　墨玉大理石

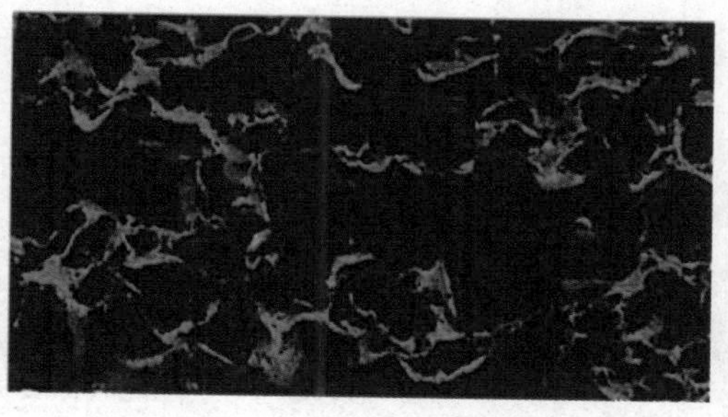

图5-27　黑金花大理石

Part 6 石材建筑览胜

石材，作为人类使用历史最古老悠久的建筑材料，在建筑史上扮演者无可替代的重要角色。

从古埃及金字塔、古希腊神庙和雕塑、古罗马斗兽场、玛雅文化遗址到印度泰姬陵、柬埔寨吴哥窟、中国宫殿寺庙、石刻雕像和亭台楼阁，直至近现代白宫、白金汉宫等各国王宫或政府驻地，种类石材在建筑中或古朴厚重、简洁大方，或色彩绚丽、历久弥新，或造型各异、巧夺天工。使人在感受到强烈美感的同时，感叹大自然的匠心独运、鬼斧神工。

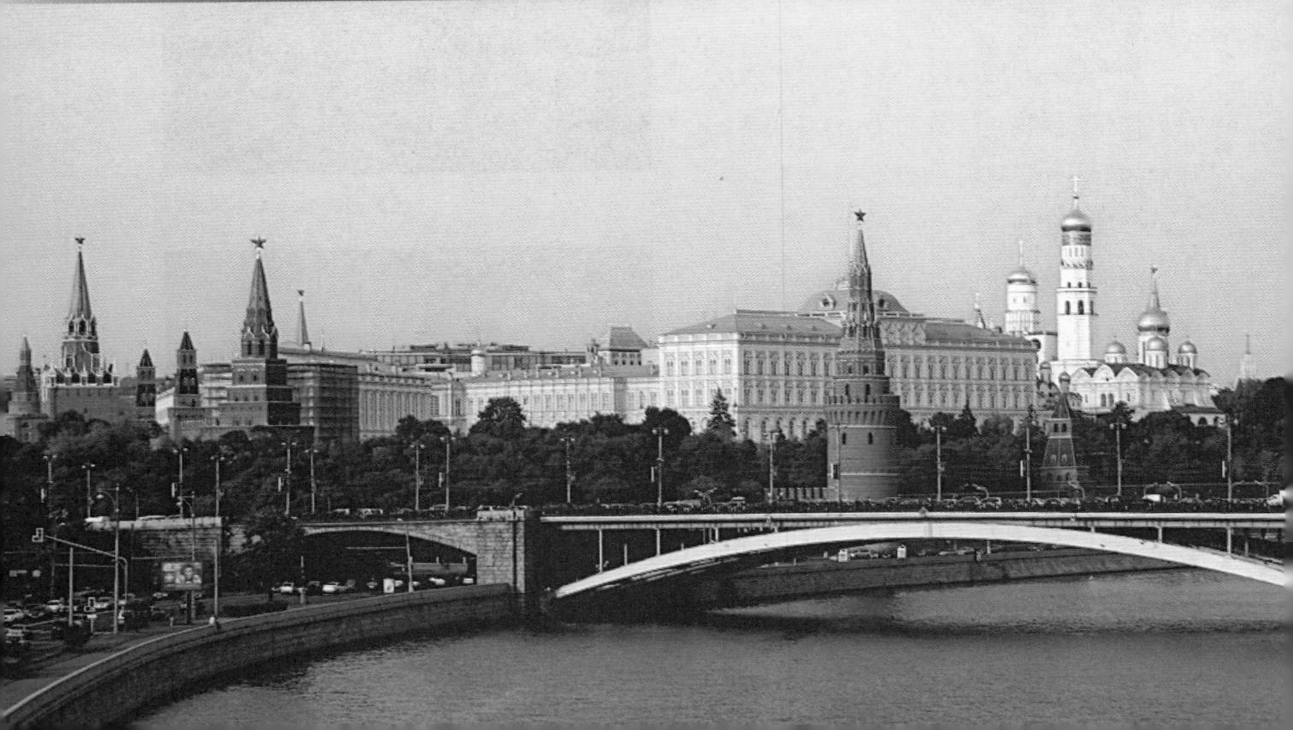

国外著名石材建筑

从两河流域的古巴比伦，到地中海沿岸的古希腊、古埃及、古罗马，从南美洲的哥伦比亚到玻利维亚，从土耳其到印度、柬埔寨等，人类在从蛮荒走向文明的漫漫长途中，都留下了石材的烙印。尤其是随着经济社会的发展，人类建筑水平的提高，石材在建筑中的应用日益广泛，有许多珍贵的建筑艺术精品供人们鉴赏。

一、爱尔兰纽格莱奇陵墓

这座史前巨石墓始建于公元前4000年，通道和寝室隐蔽在圆锥形石堆后面（图6-1）。预估有20万t散石料被用于陵墓的建造。环绕陵墓竖立着12块巨石，上面刻有许多谜一般的螺旋形、菱形、三角形、平行线或弧形图案。对于这些图案，历来说法不一，有人认为是星象，也有人认为是当地的地图。但无论如何，这些石刻都是欧洲史前巨石艺术最好的杰作之一。

图6-1　爱尔兰的纽格莱奇陵墓

二、英国巨石阵

即英国埃夫伯里巨石遗址，又名索尔兹伯里石环、环状列石。位于英格兰威尔特郡索尔兹伯里平原，是欧洲著名的史前时代文化神庙遗址。由巨大的石头组成（图6-2），每块重约50 t。它的主轴

图6-2　英国的巨石阵

线、通往石柱的古道和夏至日早晨初升的太阳在同一条线上。另外，其中还有两块石头的连线指向冬至日落的方向。凭它可以精确地观测和推算日月星辰在不同季节的起落。由此推断，巨石阵是一座天文台。

英国考古学家研究发现，巨石阵的准确建造年代距今已经有4300年。

三、埃及胡夫金字塔

胡夫金字塔（又称大金字塔，图6-3）是公元前26世纪为胡夫法老而建，距今已有4500年。该金字塔的高度是146.6 m，经过长期风化、沉陷和剥蚀，目前的高度只有137 m。胡夫金字塔由大约230万块石灰石垒砌而成。这些石灰石，具有规整的几何形状，垒砌后的石块之间合缝严密，不用任何黏合物。这些经过加工的石块平均重15 t，金字塔的总重量约600×10^4 t。

图6-3 埃及的胡夫金字塔

四、狮身人面像

狮身人面像是一座位于胡夫金字塔旁的雕像，外形是一个狮子的身躯和人的头（图6-4），长约73.5 m，宽约6 m，高约20.22 m。它是现今已知最古老的纪念雕像，一般认为是在法老哈夫尔统治期间建成（公元前2558～公元前2532年），1979年被列入《世界遗产目录》。

图6-4 狮面人身像

五、哥伦比亚雕像之谷

在南美洲的哥伦比亚海拔1 800 m的安第斯山北部，有着南美洲最重要的考古发现——雕像之谷。一些考古学家估计，这些雕像建于公元前6世纪，距今已有2600多年的历史。目前共发现500多座雕像，这些雕刻有人、动物或神的墓地石雕，静立在马格达莱纳河峡谷两岸茂密的丛林中，分散在20多处，由花岗岩或砂岩雕琢而成。雕像之谷可能是世界上最古老的石制雕像群之一。

六、希腊雅典帕特农神庙

帕特农神庙位于希腊首都雅典卫城的古城堡中心（图6-5）。这座神庙历经2000多年的沧桑之变，庙顶已坍塌，雕像荡然无存，浮雕剥蚀严重。但从巍然屹立的柱廊中，还可以看出神庙当年的丰姿。帕特农神庙之名出于雅典娜的别号Parthenon，意为"处女"。神庙是雅典卫城最重要的主体建筑，是现存最重要的古典希腊时代建筑物，被认为是多立克柱式发展的顶端，还被尊为古希腊与雅典民主制度的象征，是举世闻名的文化遗产之一。

图6-5 希腊雅典的帕特农神庙

七、泰姬陵

泰姬陵（图6-6）是印度最知名的古迹之一，处于北方邦阿格拉，是莫卧尔王朝第5代皇帝沙贾汗为了纪念已故皇后姬蔓·芭奴而兴建的陵墓，竣工于1654年。它由殿堂、钟楼、尖塔、水池等构成，全部用纯白色大理石建筑，用玻璃、玛瑙镶嵌，绚丽夺目、美丽无比，有极高的艺术价值，是伊斯兰教建筑中的代表作，被称为世界新七大奇迹之一。泰姬陵是印度穆斯林艺术最完美的瑰宝，是世界遗产中的经典杰作之一。

图6-6 印度泰姬陵

八、古罗马斗兽场

斗兽场（图6-7）整体结构有点像今天的体育场，或许现代体育场的设计思想就是源于古罗马的斗兽场。斗兽场呈椭圆形，长轴直径187 m，短轴直径155 m。

图6-7 古罗马斗兽场

从外围看，整个建筑分为4层。底部3层为连拱式建筑，每个拱门两侧有石柱支撑。第4层有壁柱装饰，正对着4个半径处有4扇大拱门，是登上斗兽场内部看台回廊的入口。斗兽场内部的看台，由低到高分为4组，观众的席位按等级尊卑分区。在斗兽场的内部复原图上，可以看出这个工程的浩大和壮观。但今天人们所能见到的只是原来支撑看台的隔墙，已无完整看台的形象。尽管破败不堪，但其甚高、甚大、甚巧，仍让人为往日的辉煌啧啧称奇。

九、土耳其内姆鲁特山上的巨型石雕

图6-8　内姆鲁特山巨型石雕

自公元前69年至公元前34年，科马吉尼地区的国王安条克一世，为了显示自己与天神之间的荣耀关系，在山顶建起一个含雕像、祭坛和墓地的建筑群（图6-8），并把自己的雕像也建在了里面。

十、玻利维亚蒂亚瓦纳科“太阳之门”

蒂亚瓦纳科古城的“太阳之门”是用一整块宽3.84 m，高2.73 m，厚0.5 m的巨石雕凿而成（图6-9）。2个门柱尺寸、形状很精确，矩形门柱相邻两面呈标准的直角，柱面非常平，似用专门设备锯切一样。可见1000多年前的古人，已具有高超的石材加工水平。

据说，每当9月21日黎明时，第一缕曙光总是准确无误地从门中央射入。因此，这座古城和“太阳门”就成了当地印第安人的圣地。

图6-9　蒂亚瓦纳科的“太阳之门”

十一、吴哥窟

吴哥窟（图6-10）又称吴哥寺，位于柬埔寨。它是吴哥古迹中保存得最为完好的庙宇，以建筑宏伟与浮雕细致闻名于世，也是世界上最大的庙宇。12

世纪时，吴哥王朝国王苏耶跋摩二世（Suryavarman II）希望在平地兴建一座规模宏伟的石窟寺庙，作为吴哥王朝的国都和国寺。因此举全国之力，花了大约35年将吴哥窟建成。

1992年，根据文化遗产遴选标准，联合国将吴哥古迹列入世界文化遗产，此后吴哥窟作为吴哥古迹的重中之重，成为柬埔寨旅游胜地。吴哥窟的造型，已经成为柬埔寨国家的标志，展现在柬埔寨的国旗上。

图6-10　柬埔寨吴哥窟

十二、白宫

白宫（图6-11）位于美国首都华盛顿，是一座白色的两层楼房。1792年始建，1800年以后成为历届总统的官邸。1902年美国总统罗斯福首先使用“白宫”一词，后成为美国政府的代称。

图6-11　美国白宫

十三、白金汉宫

白金汉宫（图6-12）为英国王宫，

图6-12　英国白金汉宫

位于伦敦。1703年始建，1837年维多利亚女王继位，正式成为王宫。宫殿豪华，正宫前广场中心有维多利亚女王石像。

十四、克里姆林宫

克里姆林宫（图6-13）位于俄罗斯

图6-13　俄罗斯克里姆林宫

莫斯科市中心，曾为莫斯科公国和18世纪以前的沙皇皇宫。十月革命胜利后，成为苏联党政领导机关驻地。1156年始建，后屡经扩建，成为古老的建筑群，主要有大克里姆林宫、圣母升天教堂、政府大厦、伊凡大帝钟楼等。宫内塔楼装有五角红宝石星。现也作为俄罗斯政府的代称。

十五、凡尔赛宫

凡尔赛宫（图6-14）是法国封建时代的帝王行宫，在巴黎市西南凡尔赛城。始建于16世纪，后屡经扩建形成现有规模。包括宫前大花园、宫殿和放射形大道3部分。形体对称，轴形东西向。宫内装潢极其豪华，内壁悬挂壁毯、油画、雕刻，大厅内陈列著名雕刻家的青铜和大理石雕像，享有艺术宫殿之盛誉。

图6-14 法国凡尔赛宫

十六、托普卡普皇宫

在博斯普鲁斯海峡与金角湾及马尔马拉海的交汇点上有一座辉煌的建筑，这就是从15世纪到19世纪奥斯曼帝国的中心——托普卡普皇宫（图6-15）。这迷宫般豪华至极的地方，是当年苏丹们办公的地方。宫殿外侧是绿木葱郁的第1庭院，现在成为帝国时代水晶制品、银器以及中国陶瓷器的藏馆。在第3庭院有谒见室、图书馆、服装珠宝馆（可看到世界第2大的钻石）以及价值连城的中世纪的绘画书籍。宫殿的中央是圣遗物室。

图6-15 托普卡普皇宫

十七、贝勒伊宫

贝勒贝伊宫（图6-16）是伊斯坦布

图6-16 贝勒伊宫

尔的著名宫殿，是19世纪苏丹阿布都拉兹在博斯普鲁斯海峡的亚洲沿岸，以白色大理石为原料建造的一座如梦境般的宫殿。

这里过去是苏丹们的夏日别墅和外国贵宾的招待所，以一系列楼阁与清真寺为一体，其中最宏伟雅致的“夏垒”是苏丹们生活、娱乐的地方，可谓奢侈至极，庭院里有来自全世界的奇花异木，其景色被称为博斯普鲁斯海峡最杰出的一角。游客还可观赏郭克苏宫、卡瓦克夏阁、马斯拉克楼阁等。

十八、莱尼姆宫

莱尼姆宫（图6-17）位于英国的牛津郡。宫殿四隅建有方形塔楼，中轴线上的门廊和大厅则高高隆起，形成高低错落的天际线。四角塔楼带有巴洛克风格的豪放，中央古典式科林斯柱廊则严谨整饬，二者形成对比。

宫殿高耸的角楼和楼顶上的小尖塔、门廊上方三角壁上的浮雕和屋顶栏杆上的雕像弥漫着一种浪漫而神秘的气息。今天，这座杰出的宫殿建筑已列入联合国世界文化遗产名单。

图6-17 莱尼姆宫

十九、罗浮宫

罗浮宫（图6-18）这个举世闻名的艺术宫殿始建于12世纪末，当时是用作防御目的，后来经过一系列的扩建和修缮，逐渐成为一个金碧辉煌的王宫。从16世纪起，弗朗索瓦一世开始大规模地收藏各种艺术品，以后各代皇帝延续了这个传统，充实了罗浮宫的收藏。如今，博物馆收藏的艺术品已达40万件，其中包括雕塑、绘画、美术工艺及古代东方、古代埃及、古希腊和古罗马等7个门类。1981年，法国政府对这座精美的建筑进行了大规模的整修，从此，罗浮宫成了专业博物馆。值得一提的是，罗浮宫正门入口处有一个透明金字塔建筑，它的设计者就是著名的

图6-18 法国罗浮宫

美籍华人建筑师贝聿铭。

罗浮宫目前已经成为世界三大博物馆之一，其艺术藏品种类之丰富，档次之高堪称世界一流。其中最重要的镇宫三宝是世人皆知的：《米洛的维纳斯》《蒙娜丽莎》和《萨莫特拉斯的胜利女神》。其他著名作品还有：《狄安娜出浴图》《丑角演员》《拿破仑一世加冕礼》《自由之神引导人民》《编花带的姑娘》等。

中国著名石材建筑

中国是世界文明古国，中国人民在漫长的历史发展中创造了许多石材建筑佳作，不断延续着中华民族石文化的光辉历史。其优秀文化遗产对于石材在现代建筑中的应用设计，优化石材生产结构，都具有重要的参考价值及收藏价值。

中国的石艺起源很早，从巍巍壮观的万里长城建造到魏晋南北朝时期开凿的敦煌石窟，从富丽堂皇的十三陵到南京中山陵建筑，从布达拉宫、故宫、颐和园皇家建筑到人民大会堂、上海外滩建筑，从皇宫庙宇雕刻到民间石艺，石材文化丰富多彩。石材成了中国人生活不可或缺的一部分。石材应用尤其在宗教、建筑、园林、陵园等方面，独树一帜。

石材的应用和人类生存的自然条件与环境紧密地联系在一起。在距今50万年前的旧石器时代，原始人就利用天然崖洞作为居住处所。在历史进程中，出现了小石雕饰品、摩崖石刻及打击乐器——石磬等。人工建造的辽宁海域石棚（图

图6-19　辽宁海域石棚

6-19），可谓中国巨石建筑的典范之一。从奴隶社会进入封建社会，新兴的地主经济逐渐取代了领主经济，新的生产方式促进了当时的社会发展。城市规模的扩大、铁器的使用促进了石材在各方面的应用。从战国到西汉已有石基、石阶等，秦汉时期修建的古长城，使用了大量的石材，西汉霍去病墓的石雕（图6-20）、石兽、东汉的石祠（图6-21）、石阙和全石结构的石墓及墓中的画像石（图6-22）等，大多雕刻有人物故事和各种图案花纹。

图6-20　西汉霍去病墓

图6-21　汉代祠堂

图6-22　嘉祥武氏祠画像石

在宗教建筑与雕刻方面，魏晋南北朝时期佛教兴盛，建寺立庙，凿窟造像活动遍及各地。作为宗教流传的各种具体形象如寺庙、佛像、佛塔、石窟等，大量出现在各地，它们为中国古代石雕工艺师们提供了一个广阔天地，使之创造出许许多多世界闻名的艺术珍品。如举世闻名的云冈石窟、龙门石窟等石雕造像（图6-23、图6-24）。

唐代的建筑水平达到了封建社会前

图6-23　云冈石窟

图6-24　龙门石窟

图6-25　南京中山陵

期的高峰。从当时遗存下来的陵墓、殿堂、城市宫苑遗址看，无论布局或造型都具有较高的艺术和技术水平。自宋、元、明到清朝资本主义萌芽时期，各类建筑有了新的发展，特别是皇家和私人园林的兴建，给我们留下了大量优秀的建筑遗产。中国历代帝王的营苑建筑以及首都天安门前的华表与石狮，这些石材应用无一不是祖国的瑰宝，代表着一种石材文化，同时也是一个民族文化发展的历史缩影。其中唐代的大唐六典、宋代的营造法式、清代的工部工程等规则，都对建筑技术与艺术的发展起到了促进作用。

图6-26　人民大会堂

　　近现代以来，随着人们欣赏水平的提高，石材开发及利用呈现出蓬勃发展的局面，各类石材新品种被不断开发，石材的开采及加工技术日渐成熟，使石材应用不仅展现在各类大型工程中，更是走进了千家万户寻常百姓家（图6-25～图6-28）。

图6-27　上海外滩建筑群

图6-28　老香港街建筑

竣工于1999年的金茂大厦，位于上海浦东新区黄浦江畔的陆家嘴金融贸易区，楼高420.5 m，目前是上海第3高的摩天大楼，中国大陆高度排名第3（截至2013年），是上海最著名的景点以及地标之一。墙面选用地中海有孔大理石，起到良好隔音效果；地面大理石光而不亮，平而不滑（图6-29）。

综上所述，石材记载和传承着世界石文化的悠久历史，体现了不同历史时期世界各民族的政治、经济、哲学、文化艺术的发展状况；石材美化我们的世界，使我们的工作、学习和生活感到温馨，是名副其实的“装饰大师”。

图6-29 金茂大厦

附录一

2010年度中国名特优石材品种及特征一览表（60种）

序号	石材品种	申报单位	产地	品种特征
1	奥仕白（M2108）	山东新峰石材集团有限公司	辽宁省丹东市	纯白色大理岩，质地细腻，雍容华贵，装饰性极佳，用途广泛，是国内外少有的石材名贵品种
2	翡翠绿（G3597）	厦门新安德集团有限公司	福建省南平市	绿色条带状花岗石，变粒岩，质地细腻、坚硬，花纹多变，色彩丰富
3	应鑫红（M5310）	楚雄应鑫天然石材工贸有限公司	云南省楚雄市	条纹状构造，灰白底带淡红色条纹，结晶细腻，大理岩
4	应鑫青（M5311）	楚雄应鑫天然石材工贸有限公司	云南省楚雄市	浅灰色，条带或条纹状构造，见有白色不规则状角砾，大理岩
5	应鑫白（M5312）	楚雄应鑫天然石材工贸有限公司	云南省楚雄市	以白色粗晶方解石大理岩为基色，含不规则灰色、灰白色团块，大理岩
6	巴兰珠（G1368）	厦门金辉石业有限公司	河北省承德市	粗晶歪碱正长岩，深绿色带蓝色晕彩，储量大，色差小，用途广泛
7	梵高黄（M1561）	厦门阿里坦进出口有限公司	内蒙古通辽市	含白云质灰岩，古典黄色，不规则分布，花色奇特，质地细腻、坚硬，为高贵典雅大理石品种
8	右玉黄金麻（G1420）	山西北岳玉龙石业有限公司	山西省右玉县	花岗石，白色花岗岩经风化作用，不均匀铁染，形成锈黄色，花色鲜艳，颗粒明显，装饰用途广泛
9	亚马逊金麻（G1507）	厦门万里石有限公司	内蒙古和林格尔县	石榴石变质花岗岩，矿体位于和林格尔岩体破碎变质带内，钾长石变成浅黄色，紫电为石榴石
10	帝王灰麻（G3546）	厦门万里石有限公司	湖南省华容县	灰色花岗石，色彩均匀，用途广泛
11	海贝花（M5308）	正安县贵福石材开发有限责任公司	贵州省正安县	生物碎屑灰岩，黑色石灰岩基底，白色贝类化石丰富多彩，高档大理石
12	云南白海棠（M5325）	云南众成鑿玉实业有限公司	云南省陆良县	生物碎屑灰岩，浅灰白色—米色大理石，生物碎屑多种多样，花纹丰富，室内装饰用途广

续表

序号	石材品种	申报单位	产地	品种特征
13	玉龙雪山（M5305）	云南众成爨玉实业有限公司	云南省马关县	大理岩，黑底，碎屑结构，白色、灰色、黑色团块状角砾分布其中，花纹丰富，品质高档，用途广泛
14	七彩玉（M5307）	云南众成爨玉实业有限公司	云南省师宗县	洞穴化学石灰岩，色彩丰富，花纹变化多样，红白花色为主
15	牡丹（M5309）	云南众成爨玉实业有限公司	云南省师宗县	生物碎屑灰岩，褐色，含生物化石，生物碎屑多样，室内装饰用途广泛
16	东方白（M5115）	四川宝兴三兴汉白玉开发有限公司	四川省宝兴县	方解石大理岩，纯白色，结构细腻，变质成因，储量丰富，高贵典雅，高档石材
17	浪淘沙（G4261）	湖北财富石业有限公司	湖北省麻城市	混合岩化花岗岩，花纹丰富，黑白相间，也称幻彩麻
18	卡拉麦里金（G6599）	新疆奇台县方正石材开发有限责任公司	新疆奇台县	花岗石，淡黄色，色彩均匀，中粗颗粒，储量丰富，完整性好，适于大面积应用
19	黑珍珠（G2303）	北京润丰创业石材有限公司	黑龙江省哈尔滨市阿城区	花岗石，远视具深灰色，近视花纹丰富，也称中国树挂冰花，高档石材
20	金石米黄（M5100）	四川江油金时达石业有限公司	四川省江油市	米黄色细晶灰岩，结构细腻，花色均匀，储量巨大，可与进口高档米黄类大理石媲美
21	黑钻（G1515）	赤峰市天行石材矿业有限公司	内蒙古赤峰市	辉长岩，中粗粒结构，黑色，可见辉石晶面反光，大面积应用效果佳，应用广泛
22	沙漠绿洲（G1332）	承德市瀚得石业有限公司	河北省承德县	花岗石，底色草绿，色差小，瑕疵少，矿体整体性好，规格全，稳定性好
23	燕山绿（G1306）	承德市瀚得石业有限公司	河北省承德县	花岗石，底色翠绿，结晶清晰美观，此品种典雅高贵，材质致密坚硬，光泽度高
24	蓝豹（G1335）	承德市瀚得石业有限公司	河北省承德县	花岗石，底色淡蓝，不褪色，瑕疵少，色差小，结晶颗粒大，矿山整体性好，稳定性好
25	春江蓝（G1535）	内蒙古和林格尔县晋宝矿业有限公司	内蒙古和林格尔县	花岗石，其结构致密，料度均匀，色彩高贵典雅，质地坚硬，且抗压、抗剪强度高，耐酸碱腐蚀

续表

序号	石材品种	申报单位	产地	品种特征
26	蝴蝶兰（G1518）	内蒙古永岩矿业有限公司	内蒙古和林格尔县	蝴蝶兰花岗岩为太古代似斑状变质花岗岩，蓝色石英、紫色石榴石及色彩多变的钾长石、暗色矿物组成
27	波斯灰（M5330）	云南砻红天然石材开发有限公司	云南省弥勒县	天然大理石，色调柔和雅致，华贵大方，又具流畅自然的石肌纹理，色泽清润细腻
28	银白龙（M4522）	忻城县兴城石材有限公司	广西来宾市忻城县	矿山位于广西来宾市忻城县思练镇，以黑色石灰岩为底色，顺层发育纯白色、不规则的方解石白色条带
29	米易豹皮花（G5158）	米易庭军花岗石有限责任公司	四川省米易县	豹皮花为咖啡色花岗石，结晶度高，晶粒粗大，色泽均匀，花色稳定，花纹似“豹皮”斑纹而得名
30	四川水晶白（M516A）	四川荥经开全实业有限公司	四川省荥经县	纯白大理石，结晶颗粒大，立体感强，可与进口白水晶大理石媲美
31	丁香紫（G3568）	福建虎贝石材有限公司	福建省宁德市虎贝	浅肉红色钾长岩，中粗似斑状，结构均一，岩石完整性好，矿山储量大。产品主要出口欧洲、非洲和中亚等国，国内有上海、浙江、广东、重庆、贵州等城市
32	金孔雀（G3616）	江西金孔雀矿业发展有限责任公司	江西省赣州市	流纹斑岩，有独特的色彩，迷人的花纹，因其具有孔雀翎般的神韵而得名，大方、典雅、高档，适合各种室内外装修和工艺品
33	莱州樱花红（G3767）	莱州市华隆石材有限公司	山东省莱州市	粉红色花岗岩，质地坚硬，耐酸碱耐腐蚀，耐高温，耐光照，耐冻，耐摩擦，耐久性好，用途广泛
34	牟平白（G3725）	莱州市华隆石材有限公司	山东省牟平县（今烟台牟平县）	白色花岗石，光泽度高，耐腐蚀耐酸碱，硬度密度大，含铁量低，花色统一，外墙用量极大
35	山东锈石（G3788）	莱州市华隆石材有限公司	山东省莱州市	风化花岗岩，也称黄金麻，外观金黄色或暗黄、白色相间的颜色，含铁矿物经氧化形成铁锈
36	平度白（G3755）	莱州市华隆石材有限公司	山东省平度市、莱州市	白色花岗石，结晶中等，暗色矿物较少，大面积装饰效果佳，用途广泛
37	岑溪红（G4562）	岑溪市石材工业协会	广西岑溪市	“岑溪红”石材天生丽质，色泽柔和鲜艳，结构紧密，质地坚硬，耐酸碱，加工性能好，光洁度好，应用广泛

续表

序号	石材品种	申报单位	产地	品种特征
38	三堡红（G4563）	岑溪市石材工业协会	广西岑溪市	三堡红为粉红色花岗石，花色艳丽，颗粒均匀，典雅大方，质地坚硬，结构致密，用途广泛
39	北岳黑（G1401）	山西古元石材有限公司	山西省大同市	山西北岳黑（也称山西黑）石材是世界最好的黑色花岗石之一，质地细密，颜色纯正
40	菊花绿（G5130）	四川张氏石材有限公司	四川省雅安市	墨绿色花岗石，其花色如碧绿池中盛开朵朵艳丽的菊花，板面匀称，花色典雅高贵，祥和之气，菊花绿石材分为小花、中花、大花三种
41	巴厝白（G3503）	晋江市永和镇石业工会	福建省晋江市	浅灰白色花岗岩，结构、花色均匀，用途广泛，储量大，需求量大
42	内厝白（G3533）	晋江市永和镇石业工会	福建省晋江市	浅灰白色花岗岩，结构、花色均匀，颗粒较细，用途广泛，需求量大
43	鄯善红（G6540）	鄯善汇宇石业有限责任公司	新疆鄯善县	红色花岗岩，中粗粒结构，质地均匀，坚硬，花色稳定，储量大，用途广泛
44	天山黑冰花（G6504）	新疆金域石材有限公司	新疆哈密市	黑色辉长岩，基性长石斑晶成长条状分布，高档装饰石材品种
45	咖啡钻（G6562）	新疆金域石材有限公司	新疆哈密市	紫红、褐色碱性花岗岩，中粗粒结晶，储量巨大，完整性好，大面积应用效果佳
46	天山雪莲（M6570）	新疆金域石材有限公司	新疆哈密市	紫色云朵状花纹与白色团块相间，色彩鲜艳，花纹丰富，高档饰面材料
47	天山玫瑰（M6571）	新疆金域石材有限公司	新疆哈密市	紫色大理石，花纹丰富，黑色和白色混杂其中，色彩鲜艳
48	天山大花白（M6572）	新疆金域石材有限公司	新疆哈密市	具黑色网状和丝状花纹的大理岩，主要矿物为方解石，可与进口大花白媲美
49	金钰米黄（M510A）	绵阳如玉大理石有限公司	四川省北川县	结构紧密，有一种油脂感，成板表面光洁，其质量和花色不亚于进口石材，且抛光度在90度以上，达到进口石材的水平
50	香阁娜大雅米黄（M510B）	绵阳香阁娜大理石有限公司	四川省北川县	结构细腻，细晶结构，储量丰富，可替代进口同类大理石品种
51	波斯银麻（G6581）	西安鑫汇石材有限责任公司	新疆哈密市	粗粒花岗岩，暗色矿物略显定向排列，斜长石略带黄色，钾长石含量少，储量大，质地坚硬

续表

序号	石材品种	申报单位	产地	品种特征
52	金钻玛（G1581）	镶黄旗工业园区管理委员会	内蒙古镶黄旗	钾长花岗岩，黄褐色、红褐色，结晶颗粒大，花色均匀，质地坚硬，大面积应用效果佳
53	蓝夜星（G1583）	镶黄旗工业园区管理委员会	内蒙古镶黄旗	黑色辉长岩，见亮黑色斑晶，主要用于量具、量仪，精密仪器制造基台
54	白金玛（G1584）	镶黄旗工业园区管理委员会	内蒙古镶黄旗	白岗岩，白色，暗色矿物极少，主要为石英和斜长石，结晶颗粒中等
55	中喜白玉（M5118）	雅安沪川中喜汉白玉矿山有限公司	四川省甘孜州	纯白色大理岩，结构细腻，花色高贵典雅，矿床储量大，雕刻和建筑板材均适宜
56	鹰嘴山砂岩（Q4321）	桑植县鹰嘴山石材开发有限责任公司	湖南省张家界	钙质石英砂岩，具有颗粒细、耐磨损、强度高、韧性好、吸水防滑、吸光消音，不褪色，抗风化，耐高温等特点
57	南沟黑（G1373）	河北南沟石材有限公司	河北临城县	黑色细粒花岗石，质地坚硬，耐磨，韧性好，光洁度高，耐酸碱，无辐射，绿色环保
58	贵妃白麻（G6125）	陕西华阴市宏发矿业有限公司	陕西省华阴市	白色花岗石，结晶颗粒较粗，花色典雅大方，资源量大，开采量大，花色稳定，用途广泛
59	加州白麻（G6126）	陕西华阴市宏发矿业有限公司	陕西省华阴市	白色花岗石，结晶颗粒细，颗粒均匀，暗色矿物含量低，资源储量大，开采量大，花色稳定，用途广泛
60	华山白麻（G6128）	陕西华阴市宏发矿业有限公司	陕西省华阴市	白色花岗石，结晶颗粒中等，暗色矿物含量低，颗粒均匀，花色稳定，资源量大，用途广泛

附录二

2014年度中国名特优石材品种及特征一览表（45种）

序号	品种	申报单位	品种特点
1	莱州白麻（G3765）	莱州市石材协会	莱州白麻耐腐蚀、耐酸碱、耐冻，硬度及密度大，含铁量极低，无放射性，表面光洁度高，外观色泽可保持百年以上
2	库木塔格树化玉（M6536）	中恒汇金石业（北京）股份有限公司	玉质感强，纹理独特，犹如树化玉一般古朴、优雅
3	贝壳石（M5216）	石阡县石材产业化发展办公室	石阡贝壳石又称马蹄花石、海贝花，为奥陶系中厚层泥质灰岩、泥晶生物灰岩、生物屑灰岩，由于生物发育被文解石所替代，从而形成圆形和椭圆形图案，形似马蹄，黑白相间
	蜘蛛米黄（M5227）		蜘蛛米黄资源丰富，为高级饰面材料，可广泛用于建筑装饰等级要求的建筑物
	晚霞木纹（M5225）		晚霞木纹资源丰富，为高级饰面材料，可广泛用于建筑装饰等级要求的建筑物
	地中木纹（M5223）		地中木纹资源丰富，为高级饰面材料，可广泛用于建筑装饰等级要求的建筑物
	咖啡木纹（M5222）		咖啡木纹资源丰富，为高级饰面材料，可广泛用于建筑装饰等级要求的建筑物
4	冰花兰（G5124）	米易县冰花兰矿业有限责任公司	位于四川米易县白马镇，主要用于外墙装饰，干挂，大型建筑装修，理化性能良好
5	新峰黄麻（G3723）	山东新峰石材集团有限公司	新峰黄麻色泽均匀，质地坚硬，花色一致，装饰性能极佳
6	海蓝星钻（G1534）	和林格尔晋宝矿业有限公司	矿山位于和林县，年产荒料3万多立方米，具有其他材料无法比拟的耐磨性、耐压性、耐高温、纹饰美、不渗透等优点
7	雅白玉（M3620）	雅高矿业控股有限公司	矿山位于江西省永丰县城东南，按矿体层位分为三层，底部层位主要由白色及灰白色大理石组成，出产雅仕系列大理石；中层层位主要由浅灰大理石组成，出产雅柏系列大理石；顶部层位主要由云灰大理石组成，出产雅蓝系列大理石
	雅柏灰（M3628）		
8	塞北金麻（G1585）	镶黄旗石材协会	产品具深紫色底，黄花，色泽均匀庄重，光洁度好，密度高，适用于外墙、地面等装饰工程

续表

序号	品种	申报单位	品种特点
9	东方红麻（G5150）	四川宝兴三兴汉白玉开发有限公司	该品种颜色以肉红色为基本色调，总体达到了Ⅱ级饱和度，石英呈灰白—乳白，半透明，黑云母含量略高
10	亚马逊金麻（G1507）	厦门万里石股份有限公司	该品种颜色为黄色，可做光面、荔枝、火烧等不同加工工艺，尤以荔枝最佳，适用外墙干挂等中高档酒店、写字楼等装修。矿山规模量大，具有一定的独一性
	帝王灰麻（G3546）		该品种呈灰白色、细花，花色均匀，板面干净，无杂色。现年产约1.6万m^3，产品可用作墓碑石，建材类等多个领域，尤其适合政府等公共建筑的外墙用料，庄重、大方、沉稳、市场潜力巨大
11	鄯善红（G6540）	汇宇慧中石业有限公司	鄯善红花岗石色泽纯正、艳丽，光洁度高，装饰效果优雅、美观，因它独特无可替代的品质深受消费者喜爱。其放射性属A类标准，适用范围不受任何限制，被国家建筑装饰装修协会确认为“无毒害”（绿色）室内装修材料。其储量约49万m^3，年开采量为6万m^3
12	天山黑冰花（G6504）	新疆金域石材有限公司	黑冰花矿山采矿面积0.443 5 km^2，2013年开采成品荒料3 000 m^3，花色材质均匀无变化
	咖啡钻（G6562）		咖啡钻矿山采矿面积0.925 km^2，石材荒料资源量约38.8万m^3。2013年，矿山共生产成品荒料（1 m^3以上）15 000 m^3，花色材质均匀无变化
	天山雪莲（M6570）		天山雪莲大理岩品种为金域石材公司伊吾白系列产品之一。矿体采矿面积约0.4 km^2，石材荒料资源量36.2万m^3。2013年，矿山共生产成品荒料（1立方米以上）3 000 m^3。花色材质无变化
	天山玫瑰（M6571）		天山玫瑰大理岩品种为金域石材公司伊吾白系列产品之一。矿体采矿面积约0.28 km^2，石材荒料资源量28.3万m^3。2013年，矿山共生产成品荒料（1 m^3以上）3 800 m^3。花色材质无变化
	天山大花白（M6572）		天山大花白大理岩品种为金域石材公司伊吾白系列产品之一。矿体采矿面积约0.4 km^2，石材荒料资源量37.4万m^3。2013年，矿山共生产成品荒料（1 m^3以上）2 800 m^3。花色材质无变化

续表

序号	品种	申报单位	品种特点
13	沙漠绿洲（G1332）	承德瀚得石业有限公司	矿山位于河北省承德市承德县甲山镇西梁村，储量190.31万m^3，荒料量57.96万m^3，年实际开采规模1.6万m^3。品种特点：底色草绿，色差小，瑕疵少，矿体整体性好，规格全，稳定性好，适合大面积铺装
	燕山绿（G1306）		矿山位于河北省承德市承德县甲山镇西梁村，储量240.18万m^3，荒料量80.6万m^3，年实际开采规模1.2万m^3。品种特点：底色鲜绿，结晶清晰美观，瑕疵少，整体性好，此品种典雅高贵，材质致密坚硬，光泽度高，适用于室内外装修
	蓝豹（G1335）		矿山位于河北省承德市承德县，储量123.48万m^3，荒料量37.04万m^3，年实际开采规模2.0万m^3。品种特点：底色灰蓝，不褪色，瑕疵少，色差小，结晶颗粒大，整体性好，稳定性好。适合大面积外墙干挂，室内地面、墙面铺装，属国内独特品种
14	卡拉麦里金（G6599）	奇台县方正石材开发有限责任公司	矿区花岗岩颜色纯正，底色为浅黄色，黑色色调匀缀其中，花纹和谐均匀，美观素雅，色差小，拼接性良好。矿山总储量80.36万m^3，年开采规模5万m^3
15	牡丹（M5309）	中国爨玉集团有限公司	位于师宗县东南方向29 km，隶属师宗县龙庆乡管辖。储量260.65万m^3，生产规模6.4万吨/年。花色材质无重大变化
	七彩玉（M5307）		位于师宗县东南方向约29 km，与牡丹大理石属同一矿权，隶属师宗县龙庆乡管辖。储量260.65万m^3，生产规模3.2万吨/年。花色材质无重大变化
	云南白海棠（M5325）		位于陆良县城东南方向24 km，隶属陆良县龙海乡古都邑村委会管辖。储量603.9万m^3，生产规模1.2万吨/年。花色材质无重大变化
	玉龙雪山（M5305）		位于马关县城南部，直距约24 km，隶属马关县夹寒箐镇管辖。储量192.24万m^3，生产规模0.85万吨/年。花色材质无重大变化

续表

序号	品种	申报单位	品种特点
16	东方白（M5115）	四川宝兴三兴汉白玉开发有限公司	东方白具有吸水率低、硬度高、颗粒细、玉感强、透光度好的特点。矿山保有荒料量38.39万m^3，目前荒料年产量2万m^3。公司2014年引进新的开采技术，提高成品成荒率，使东方白大理石荒料年产量提高到3万m^3
17	银白龙（M4522）	忻城县兴城石材有限公司	矿区面积0.498 8 km^2，储量约60万m^3，年开采规模2万m^3荒料，生产板材约90万m^3，花色材质无重大变化
18	春江蓝（G1535）	和林格尔县晋宝矿业有限公司	春江蓝花岗石矿开采规模及内外市场销售额相对稳定，并处于增长趋势，岩石呈浅蓝灰色，碎裂结构，板材块状、硬度高，属于A类装修材料
19	奥仕白（M2108）	山东新峰石材集团有限公司	矿山位于辽宁宽甸，矿区面积0.2 km^2。储量999万m^3，年开采规模10万m^3，奥仕白纯白色大理石，质地细腻，雍容华贵，装饰性极佳，近年来花色材质无重大变化
20	菊花绿（G5130）	四川张氏石材有限公司	矿山储量150万m^3，开采规模每年30 000 m^3，矿体稳定，花色一致，无变化。已获得顶级景观标志用材口碑
21	金钻玛（G1581）	镶黄旗工业园区办公室	本产品棕紫色底，黄花，色泽均匀庄重，光洁度好，密度高，古典美观、高贵华丽、朴素中透出皇家气息，越显珍贵，是我国四大黄色系花岗岩石材产品之一，适用于外墙、地面等装饰工程。储量50万m^3，年开采荒料3 万m^3
	蓝夜星（G1583）		本产品为黑色，光洁度好，密度高，色泽均匀庄重，浑厚之中又有闪烁，肃穆中略显华贵。储量32.5万m^3，年开采荒料1万m^3
	白金玛（G1584）		本产品白色底，黑花，色纹清纯高雅，结构构造均匀，便于拼接，硬度适中，易于抛光，适用于外墙、地面等装饰工程。储量5.5亿m^3，年开采荒料1万m^3
22	牟平白麻（G3725）	莱州市华隆石材有限公司	牟平白麻产自烟台市牟平区华隆石矿厂花岗岩矿，矿区面积0.012 5 km^2，储量大于18万m^3，年开采规模50 000 m^3。花色材质无重大变化
	莱州白（G3755）		莱州白产自莱州市柞村华隆石矿北寺口矿区，矿区面积0.013 4 km^2，储量大于20万m^3，年开采规模30 000 m^3。花色材质无重大变化

续表

序号	品种	申报单位	品种特点
	山东锈石（G3788）		山东锈石产自山东莱州尚家山矿2号矿，矿区储量大于17万m^3，年开采规模35 000 m^3。花色材质无重大变化
	莱州樱花红（G3767）		莱州樱花红产自莱州市华隆石材有限公司消水庄矿区，矿区面积0.035 km^2，储量大于35万m^3，年开采规模80 000 m^3。花色材质无重大变化
23	岑溪红（G4562）	岑溪市石材工业协会	“岑溪红”天生丽质，色泽柔和鲜艳，结构紧密，质地坚硬，耐酸碱，加工性能好，光洁度高，与“印度红”“巴西红”“皇妃红”等世界石材名品相媲美。矿山面积184 km^2，储量约21亿m^3，有“岑溪红”“三堡红”两个品种
	三堡红（G4563）		
24	右玉黄金麻（G1420）	山西北岳玉龙石业有限公司	矿山面积0.28 km^2，总储量达1.1亿m^3，年产荒料3~5万m^3。其特点：表面光洁度高、耐腐蚀、耐酸碱、含铁量高、无放射性

参考文献

[1] 孔庆友, 张天祯, 于学峰, 等. 山东矿床[M]. 济南: 山东科学技术出版社, 2006

[2] 孔庆友. 地矿知识大系[M]. 济南: 山东科学技术出版社, 2006

[3] 田京祥. 矿产资源[M]. 济南: 山东科学技术出版社, 2013

[4] 涂光炽. 成矿与找矿[M]. 石家庄: 河北教育出版社, 2003

[5] 薛春纪, 祁思敬. 隗合明. 基础矿床学[M]. 北京: 地质出版社, 2006

[6] 程裕淇, 王鸿祯. 地球科学大辞典[M]. 北京: 地质出版社, 2006

[7] 周克继, 孙玉林. 山东石材图谱[M]. 济南, 2006

[8] 周克继, 毕研鑫, 孙宪华. 山东石材大典[M]. 济南, 2006

[9] 张义勋, 李光岑. 矿产资源工业要求手册[M]. 北京: 地质出版社, 2010